战略性新兴领域"十四五"高等教育系列教材

装配式建筑与智能建造

主　编　赵卫平　郑宏利

副主编　殷　飞　孙　旻　段珍华

参　编　陈越时　刘亚男　鹿　磊　张士前　郑　巍　郑志刚

主　审　郗录朝

U0379526

机械工业出版社

CHINA MACHINE PRESS

本书是为满足当前建筑行业发展趋势和市场需求，针对高等学校相关专业学生编写的一部系统性、实用性教材，共6章，主要内容包括绪论、装配式混凝土结构、装配式钢结构、装配式木结构、BIM技术应用、智能建造融合现代化技术。本书紧密结合国家关于装配式建筑和智能建造的政策导向，围绕装配式建筑的基本原理、技术特点、设计方法、智能建造技术及其应用等内容，进行深入浅出的介绍和分析。为便于学生学习，每节均附有知识要点及能力目标。

本书可作为高等学校土木工程专业及相关专业的教材，也可作为土木工程从业人员的参考书。

图书在版编目（CIP）数据

装配式建筑与智能建造／赵卫平，郑宏利主编．
北京：机械工业出版社，2024.10. -- （战略性新兴领
域"十四五"高等教育系列教材）. -- ISBN 978 -7 -111
-76805 -0

Ⅰ. TU74；TU -39
中国国家版本馆 CIP 数据核字第 2024ST0235 号

机械工业出版社（北京市百万庄大街22号　邮政编码100037）
策划编辑：林　辉　　　　　责任编辑：林　辉　于伟蓉
责任校对：张亚楠　刘雅娜　　封面设计：马若濛
责任印制：刘　媛
唐山三艺印务有限公司印刷
2024 年 12 月第 1 版第 1 次印刷
184mm×260mm · 11 印张 · 246 千字
标准书号：ISBN 978-7-111-76805-0
定价：39.00 元

电话服务　　　　　　　　　网络服务
客服电话：010 - 88361066　　机　工　官　网：www.cmpbook.com
　　　　　010 - 88379833　　机　工　官　博：weibo.com/cmp1952
　　　　　010 - 68326294　　金　书　网：www.golden - book.com
封底无防伪标均为盗版　　机工教育服务网：www.cmpedu.com

系列教材编审委员会

顾　　　问：谢和平　彭苏萍　何满潮　武　强　葛世荣

　　　　　　陈湘生　张锁江

主 任 委 员：刘　波

副主任委员：郭东明　王绍清

委　　　员：（排名不分先后）

刁琰琰　马　妍　王建兵　王　亮　王家臣

邓久帅　师素珍　竹　涛　刘　迪　孙志明

李　涛　杨胜利　张明青　林雄超　岳中文

郑宏利　赵卫平　姜耀东　祝　捷　贺丽洁

徐向阳　徐　恒　崔　成　梁鼎成　解　强

面对全球气候变化日益严峻的形势，碳中和已成为各国政府、企业和社会各界关注的焦点。早在 2015 年 12 月，第二十一届联合国气候变化大会上通过的《巴黎协定》首次明确了全球实现碳中和的总体目标。2020 年 9 月 22 日，习近平主席在第七十五届联合国大会一般性辩论上，首次提出碳达峰新目标和碳中和愿景。党的二十大报告提出，"积极稳妥推进碳达峰碳中和"。围绕碳达峰碳中和国家重大战略部署，我国政府发布了系列文件和行动方案，以推进碳达峰碳中和目标任务实施。

2023 年 3 月，教育部办公厅下发《教育部办公厅关于组织开展战略性新兴领域"十四五"高等教育教材体系建设工作的通知》（教高厅函〔2023〕3 号），以落实立德树人根本任务，发挥教材作为人才培养关键要素的重要作用。中国矿业大学（北京）刘波教授团队积极行动，申请并获批建设未来产业（碳中和）领域之一系列教材。为建设高质量的未来产业（碳中和）领域特色的高等教育专业教材，融汇产学共识，凸显数字赋能，由 63 所高等院校、31 家企业与科研院所的 165 位编者（含院士、教学名师、国家千人、杰青、长江学者等）组成编写团队，分碳中和基础、碳中和技术、碳中和矿山与碳中和建筑四个类别（共计 14 本）编写。本系列教材集理论、技术和应用于一体，系统阐述了碳捕集、封存与利用、节能减排等方面的基本理论、技术方法及其在绿色矿山、智能建造等领域的应用。

截至 2023 年，煤炭生产消费的碳排放占我国碳排放总量的 63% 左右，据《2023 中国建筑与城市基础设施碳排放研究报告》，全国房屋建筑全过程碳排放总量占全国能源相关碳排放的 38.2%，煤炭和建筑已经成为碳减排碳中和的关键所在。本系列教材面向国家战略需求，聚焦煤炭和建筑两个行业，紧跟国内外最新科学研究动态和政策发展，以矿业工程、土木工程、地质资源与地质工程、环境科学与工程等多学科视角，充分挖掘新工科领域的规律和特点、蕴含的价值和精神；融入思政元素，以彰显"立德树人"育人目标。本系列教材突出基本理论和典型案例结合，强调技术的重要性，如高碳资源的低碳化利用技术、二氧化碳转化与捕集技术、二氧化碳地质封存与监测技术、非二氧化碳类温室气体减排技术等，并列举了大量实际应用案例，展示了理论与技术结合的实践情况。同时，邀请了多位经验丰富的专家和学者参编和指导，确保教材的科学性和前瞻性。本系列教材力求提供全面、可持续的解决方案，以应对碳排放、减排、中和等方面的挑战。

本系列教材结构体系清晰，理论和案例融合，重点和难点明确，用语通俗易懂；融入了编写团队多年的实践教学与科研经验，能够让学生快速掌握相关知识要点，真正达到学以致用的效果。教材编写注重新形态建设，灵活使用二维码，巧妙地将微课视频、模拟试卷、虚拟结合案例等应用样式融入教材之中，以激发学生的学习兴趣。

本系列教材凝聚了高校、企业和科研院所等编者们的智慧，我衷心希望本系列教材能为从事碳排放碳中和领域的技术人员、高校师生提供理论依据、技术指导，为未来产业的创新发展提供借鉴。希望广大读者能够从中受益，在各自的领域中积极推动碳中和工作，共同为建设绿色、低碳、可持续的未来而努力。

谢和平

中国工程院院士

深圳大学特聘教授

2024 年 12 月

2015 年 12 月，第二十一届联合国气候变化大会上通过的《巴黎协定》首次明确了全球实现碳中和的总体目标，"在本世纪下半叶实现温室气体源的人为排放与汇的清除之间的平衡"，为世界绿色低碳转型发展指明了方向。2020 年 9 月 22 日，习近平主席在第七十五届联合国大会一般性辩论上宣布，"中国将提高国家自主贡献力度，采取更加有力的政策和措施，二氧化碳排放力争于 2030 年前达到峰值，努力争取 2060 年前实现碳中和"，首次提出碳达峰新目标和碳中和愿景。2021 年 9 月，中共中央、国务院发布《中共中央 国务院关于完整准确全面贯彻新发展理念做好碳达峰碳中和工作的意见》。2021 年 10 月，国务院印发《2030 年前碳达峰行动方案》，推进碳达峰碳中和目标任务实施。2024 年 5 月，国务院印发《2024—2025 年节能降碳行动方案》，明确了 2024—2025 年化石能源消费减量替代行动、非化石能源消费提升行动和建筑行业节能降碳行动具体要求。

党的二十大报告提出，"积极稳妥推进碳达峰碳中和""推动能源清洁低碳高效利用，推进工业、建筑、交通等领域清洁低碳转型"。聚焦"双碳"发展目标，能源领域不断优化能源结构，积极发展非化石能源。2023 年全国原煤产量 47.1 亿 t、煤炭进口量 4.74 亿 t，2023 年煤炭占能源消费总量的占比降至 55.3%，清洁能源消费占比提高至 26.4%，大力推进煤炭清洁高效利用，有序推进重点地区煤炭消费减量替代。不断发展降碳技术，二氧化碳捕集、利用及封存技术取得明显进步，依托矿山、油田和咸水层等有利区域，降碳技术已经得到大规模应用。国家发展改革委数据显示，初步测算，扣除原料用能和非化石能源消费量后，"十四五"前三年，全国能耗强度累计降低约 7.3%，在保障高质量发展用能需求的同时，节约化石能源消耗约 3.4 亿 t 标准煤、少排放 CO_2 约 9 亿 t。但以煤为主的能源结构短期内不能改变，以化石能源为主的能源格局具有较大发展惯性。因此，我们需要积极推动能源转型，进行绿色化、智能化矿山建设，坚持数字赋能，助力低碳发展。

联合国环境规划署指出，到 2030 年若要实现所有新建筑在运行中的净零排放，建筑材料和设备中的隐含碳必须比现在水平至少减少 40%。据《2023 中国建筑与城市基础设施碳排放研究报告》，2021 年全国房屋建筑全过程碳排放总量为 40.7 亿 t CO_2，占全国能源相关碳排放的 38.2%。建材生产阶段碳排放 17.0 亿 t CO_2，占全国的 16.0%，占全过程碳排放的 41.8%。因此建筑建造业的低能耗和低碳发展势在必行，要大力发展节能低碳建筑，优化建筑用能结构，推行绿色设计，加快优化建筑用能结构，提高可再生能源使用比例。

面对新一轮能源革命和产业变革需求，以新质生产力引领推动能源革命发展，近年来，中国矿业大学（北京）调整和新增新工科专业，设置全国首批碳储科学与工程、智能采矿工程专业，开设新能源科学与工程、人工智能、智能建造、智能制造工程等专业，积极响应未来产业（碳中和）领域人才自主培养质量的要求，聚集煤炭绿色开发、碳捕集利用与封存等领域前沿理论与关键技术，推动智能矿山、洁净利用、绿色建筑等深度融合，促进相关学科数字化、智能化、低碳化融合发展，努力培养碳中和领域需要的复合型创新人才，为教育强国、能源强国建设提供坚实人才保障和智力支持。

为此，我们团队积极行动，申请并获批承担教育部组织开展的战略性新兴领域"十四五"高等教育教材体系建设任务，并荣幸负责未来产业（碳中和）领域之一系列教材建设。本系列教材共计 14 本，分为碳中和基础、碳中和技术、碳中和矿山与碳中和建筑四个类别，碳中和基础包括《碳中和概论》《碳资产管理与碳金融》和《高碳资源的低碳化利用技术》，碳中和技术包括《二氧化碳转化原理与技术》《二氧化碳捕集原理与技术》《二氧化碳地质封存与监测》和《非二氧化碳类温室气体减排技术》，碳中和矿山包括《绿色矿山概论》《智能采矿概论》《矿山环境与生态工程》，碳中和建筑包括《绿色智能建造概论》《绿色低碳建筑设计》《地下空间工程智能建造概论》和《装配式建筑与智能建造》。本系列教材以碳中和基础理论为先导，以技术为驱动，以矿山和建筑行业为主要应用领域，加强系统设计，构建以碳源的降、减、控、储、用为闭环的碳中和教材体系，服务于未来拔尖创新人才培养。

本系列教材从矿业工程、土木工程、地质资源与地质工程、环境科学与工程等多学科融合视角，系统介绍了基础理论、技术、管理等内容，注重理论教学与实践教学的融合融汇；建设了以知识图谱为基础的数字资源与核心课程，借助虚拟教研室构建了知识图谱，灵活使用二维码形式，配套微课视频、模拟试卷、虚拟结合案例等资源，凸显数字赋能，打造新形态教材。

本系列教材的编写，组织了 63 所高等院校和 31 家企业与科研院所，编写人员累计达到 165 名，其中院士、教学名师、国家千人、杰青、长江学者等 24 人。另外，本系列教材得到了谢和平院士、彭苏萍院士、何满潮院士、武强院士、葛世荣院士、陈湘生院士、张锁江院士、崔愷院士等专家的无私指导，在此表示衷心的感谢！

未来产业（碳中和）领域的发展方兴未艾，理论和技术会不断更新。编撰本系列教材的过程，也是我们与国内外学者不断交流和学习的过程。由于编者们水平有限，教材中难免存在不足或者欠妥之处，敬请读者不吝指正。

刘波

教育部战略性新兴领域"十四五"高等教育教材体系
未来产业（碳中和）团队负责人
2024 年 12 月

前　言

　　随着科技的不断进步和全球对可持续发展的日益关注，建筑行业正经历着一场前所未有的变革。装配式建筑与智能建造作为这场变革中的两大核心力量，不仅为建筑行业带来了新的发展机遇，也给我们的生活方式、工作环境乃至整个社会带来了深远的影响。正是基于这样的背景，我们编写了本书，旨在为广大读者提供一个全面、系统、深入的学习和研究平台。

　　装配式建筑，作为现代建筑工业化的重要体现，通过标准化设计、工厂化生产、装配化施工、一体化装修和信息化管理，实现了建筑过程的工业化、标准化和绿色化。这种建筑模式不仅提高了施工效率，降低了成本，还大大减少了建筑垃圾，符合绿色、低碳、环保的可持续发展理念。

　　而智能建造，则是借助 BIM 技术、3D 打印技术、三维雕刻技术、物联网技术等，将传统建造过程与数字技术深度融合，实现了建筑全过程的智能化、信息化和自动化。智能建造不仅提高了建筑的质量和效率，还赋予了建筑更多的智能化功能，极大地提升了人们的居住体验和生活品质。

　　本书力求做到系统性、深入性、实用性，注重与工程实际紧密结合，强化对学生应用能力的培养，以满足教学需要。同时，本书力图准确阐述装配式建筑与智能建造中的基本概念、基本原理与基本方法，做到条理清晰、层次分明。本书内容突出重点，化解难点，深入浅出，循序渐进，图文并茂，易读易懂。

　　本书编写过程中参阅了大量文献，特向文献的作者表示感谢！

　　限于作者水平，书中不妥之处在所难免，恳请广大读者批评指正。

编　者

目 录

1.1　装配式建筑结构概述

　知识要点

1. 装配式建筑结构的概念。
2. 装配式建筑结构诞生的时代背景。

　能力目标

1. 掌握装配式建筑结构的定义。
2. 了解装配式建筑结构诞生的时代背景。
3. 了解装配式建筑结构诞生的意义。

1.1.1　装配式建筑的概念

　　装配式建筑包括装配式钢结构建筑、装配式混凝土结构建筑和装配式木结构建筑。装配式钢结构建筑是指用钢结构构件在工地装配而成的建筑；装配式混凝土结构建筑是指用预制混凝土结构构件在工地装配而成的建筑；装配式木结构建筑是指用木结构构件在工地装配而成的建筑。

　　装配式建筑的优点是建造速度快，受气候条件制约小，节约劳动力并可提高建筑质量。

　　随着现代工业技术的发展，建造房屋可以像机器生产那样成批成套地建造，只要预先在工厂做好房屋构件，运到工地装配起来就组建成了房屋。

　　钢材的塑性、韧性好，可有较大变形，能很好地承受动力荷载；钢材的匀质性和各向同性好，属理想弹性体，最符合一般工程力学的基本假定。装配式钢结构工业化程度高，可预先在工厂进行机械化程度高的专业化生产，且建筑工期短。装配式钢结构常用于建造大跨度和超高、超重型的建筑物。装配式钢结构建筑实例如图1-1和图1-2所示。

　　装配式混凝土结构与常规的现浇混凝土结构不同，现浇混凝土结构必须在工地现场完成支模、绑扎钢筋、浇筑混凝土、养护、拆除模板等工艺，而装配式混凝土结构是在工厂生产钢筋混凝土预制构件，再运至工地现场组装形成建筑物。

装配式混凝土结构建筑可以分为部分装配建筑和全装配建筑两类。

部分装配建筑的主要构件一般采用预制构件，在现场通过现浇混凝土连接，形成装配整体式结构的建筑物。

图1-1　装配式钢结构房屋

图1-2　装配式钢结构航站楼

全装配建筑是指建筑的构件和配件全部采用工厂制作、现场组装的方式。以前全装配建筑一般为低层或抗震设防要求较低的多层建筑，现在高层剪力墙也开始采用全装配建筑。

装配式混凝土结构的优点主要有：标准化设计，工厂化生产，工人数量减少，劳动强度降低，工期短，施工受气象因素影响小，物料损耗和能源消耗低，建筑垃圾减少，保护环境，工程质量容易保证，工程事故率低。

建筑产业现代化将推动现浇混凝土建筑向绿色、低碳、节能减排、循环利用等发展方式转变和升级。

装配式混凝土构件实例如图1-3～图1-6所示。

图1-3　装配式混凝土构件的制作

图1-4　装配式混凝土构件的堆放

图1-5　装配式混凝土构件的吊装（一）

图1-6　装配式混凝土构件的吊装（二）

装配式木结构建筑自古就有，常用于宫殿、桥梁、宗庙、祠堂和塔架等；现代木结构主要用于园林景观和人文景观建筑。木结构取材容易，加工、制作与安装简便，天然材质更具亲和力，木结构房屋居住舒适且更环保。装配式木结构的主要结构体系是由木柱与木梁组合而成的排架。木材的受压、受拉和受弯性能较好，因此木结构具有较好的塑性和抗震性能但要注意防潮湿、防火、防腐蚀、防蛀虫和白蚁等。装配式木结构建筑实例如图 1-7 和图 1-8 所示。

图 1-7　装配式木结构房屋

图 1-8　装配式木结构景观亭

1.1.2　装配式建筑的发展历程

装配式木结构早于装配式混凝土结构和装配式钢结构。后两者均起步于现代，发展于当代。

1. 装配式木结构的发展历程

我国木结构体系初步发展在公元前 200 年左右的汉代，结构形式以抬梁式和穿斗式为主。到宋代，木结构建造具备了标准化、程式化和模数化特征，特别是宋代编纂的《营造法式》，总结出了木结构的设计原则、加工标准、施工规范等。在元代出现了"减柱法"建造工艺，抽去若干柱子并用弯曲的木料作梁架构件以节省木材。为了进一步节省木材，明代《鲁班营造正式》和清代工部《工程做法则例》对木结构建造技艺的新发展做了进一步总结。我国近年来日益重视节能减排，对先进的木结构产品及技术也开始重视，木结构建筑在我国的应用受到越来越多的关注。

西欧在 5 世纪开始使用木结构屋架。15 世纪英国改进原有的木屋架及桁架结构，加强了构架的刚性，大大增加了其使用跨度。16 世纪，德国和英国中产阶级的住宅以木结构为主。17 世纪，法国的古典宫殿大多采用木结构。19 世纪，木材丰富的国家（如芬兰）大量营造各类木结构建筑物。从 20 世纪 70 年代至今，木结构在世界各国发展较快，特别是在欧洲、北美洲和日本等发达国家，木结构的研究与应用得到了较为充分的发展。木结构在北美洲占据房屋住宅较大市场，加拿大在木结构住宅产业中推行标准化、工业化，其配套安装技术很成熟。

根据各种木材及结构的性能，现代木结构主要分为轻型木结构、重型木结构、混合型木结构三种。轻型木结构主要用于低层的住宅、学校、会所和景观建筑，其由小型横截面木料装配成超静定框架或者桁架结构，也可用于高层建筑的内部非承重木隔墙、平改坡等。重型木结构主要用于大型商业建筑或公共建筑，其由大型断面原木作为结构材料装配成超静定桁架或者框架结构。混合型木结构可以用在多层建筑中，其底层用混凝土或砖石建造，上部采用木结构。

2. 装配式混凝土结构与装配式钢结构的发展历程

1976 年，美国通过了国家工业化住宅建造及安全法案，同年开始出台了一系列严格的行业规范和标准，从此装配式混凝土结构与装配式钢结构住宅在美国开始广泛流行。21 世纪初，美国和加拿大的大城市新建住宅的结构类型以装配式混凝土结构和装配式钢结构为主，用户可通过标准化、系列化、专业化的产品目录订购住宅用构件和部品，通过电气自动化和机械化实现构件生产的商品化和社会化。

德国在"二战"后开始推行多层装配式住宅，并于 20 世纪 70 年代广泛流行。从开始采用普通的混凝土叠合板、装配式剪力墙结构到近年的零能耗被动式装配建筑，德国形成了强大的预制装配式建筑产业链，其新建别墅等建筑基本为全装配式钢结构形式。

新加坡自 20 世纪 80 年代以来，为了解决人多地少以及环保节能问题，全国 80% 的住宅采用装配式混凝土结构建造，住宅高度大部分在 15 ~ 30 层。通过单元化布局，新加坡的房屋建造达到了标准化设计、流水线生产、工业化施工的要求，装配率达到 70% 。

我国的装配式混凝土构件在 20 世纪 50 年代起步，当时主要是简单的预制楼板；20 世纪 80 年代后期突然停滞，2010 年左右又重新兴起，并且开始向装配式混凝土建筑体系发展。目前，装配式混凝土剪力墙体系基本成熟并广泛应用于实际工程，其他体系正在研究和推广过程中。截至 2019 年 9 月，全国已有近 40 个装配式混凝土建筑示范城市，200 多个装配式混凝土建筑产业基地，400 多个配式混凝土建筑示范工程，近 30 个装配式混凝土建筑科技创新基地。

我国装配式钢结构的发展可以分为 4 个阶段：

1）20 世纪 50 年代的兴起时期。这个时期借助苏联的技术和援助，我国新建了大批钢结构厂房，培养了一批钢结构技术队伍，他们在钢结构设计、制造和安装方面逐渐成为技术骨干。

2）20 世纪 70 年代的低潮时期。这个时期由于多方面的原因，钢结构的科研、设计、施工基本停滞不前。

3）20 世纪八九十年代的发展时期。这个时期钢产量快速增加，钢材型号也多样化，除了钢结构厂房继续大规模发展外，发达地区也开始建造其他类型的钢结构房屋建筑。

4）21 世纪初至今的兴盛时期。这个时期钢结构研究和设计水平大为提升，钢材高强度、防腐、防火和连接技术达到国际先进水平，我国陆续建造了大批高层钢结构房屋、大跨度钢结构桥梁、异形钢结构机场航站楼和高铁站等建筑物。

3. 装配式建筑发展趋势

受发达国家智能制造和"中国制造2025"的影响，建筑产业的新理念、新技术不断更新和发展，装配式建筑也将会产生新的变革，其主要发展趋势表现在以下几个方面。

（1）向开放体系发展

目前，各国装配式建筑现有的生产重点为标准化构件设计和快速施工，设计缺乏灵活性，没有推广模数化，处于闭锁体系状态。未来应该发展标准化的功能块，设计上统一模数，让设计者与建造者有更多的装配自由，使生产和施工更加方便。

（2）向结构预制式和内装修系统化集成方向发展

目前，各国装配式建筑普遍采用模块式结构设计，未来应该将内装修部品与主体结构结合在一起设计、生产、安装。

（3）向现浇和预制装配相结合的万能柔性连接体系发展

目前，各国装配式建筑的连接部位采用的主要有湿式体系与干式体系。湿式体系作业会影响结构强度、质量水平，而且劳动力和工时也较多；干式体系作业如果利用螺栓螺帽连接，则抗震性能较差，而且防渗性能差。未来的连接体系将会往现浇和预制装配相结合的万能柔性连接节点发展，按装配作业配套需要，准时精确安排零件的预制生产，减少劳动力，缩短生产周期，减少毛坯和制品的库存量，提高装配构件的利用率。

（4）向全产业链信息平台发展

未来将利用BIM和网络化等信息手段，使装配式建筑中的咨询、规划、设计、施工和运营各个环节联系在一起，形成全产业链信息平台，对装配式建筑全生命周期和质量管理实现完全把控。

（5）向绿色化结构装配体系发展

未来的装配式建筑要考虑对环境的影响最小，同时兼顾安全性与资源利用效率——在设计、加工制作、运输、吊装与安装以及拆除、拆迁和报废的过程中，考虑建筑材料的绿色环保性偏向，利用生物质材料、木材、轻钢、塑钢等与传统建筑材料结合形成复合结构，以保证其可持续发展。

（6）向智能化装配发展

建筑业劳动力用工成本越来越高，并且工人数量与素质难以完全满足装配式建筑的要求，因此要研发及生产智能化流水生产线、吊装与安装机器人，有针对性地对装配式建筑的建造模式进行升级改造，以缩短工期，提高生产效率。

（7）向网络定制发展

未来将充分利用5G或更高级的网络通信技术，这不仅可以将装配式建筑企业的研发、设计、生产、施工等各子系统用网络连接起来，还可以将装配式建筑企业与其他相关资源企业用网络连接起来。这样可以共享、组合与优化利用各方的思路与资源，从而实现装配式建筑的定制化。

1.2 智能建造概述

 **知识要点**

1. 智能建造的定义。
2. 智能建造的背景。
3. 智能建造的技术手段。
4. 智能建造的应用。

 能力目标

1. 了解智能建造的基本概念和背景。
2. 清楚智能建造在建筑行业中的应用场景和优势。
3. 能够探讨智能建造面临的挑战和未来发展趋势。

建筑业是我国国民经济的支柱产业，在国家建设中发挥了重要作用。近年来，建筑业持续快速发展，为我国的基础设施建设做出了重大贡献。"十三五"期间，建筑业对社会经济的发展起到了积极作用。随着土木工程建设项目的增加，我国的基础设施得到了进一步完善，城市和农村面貌得到了极大改善，城镇化快速推进，人们的居住和出行质量得到了提高。同时，一批重大工程项目如港珠澳大桥、京张高速铁路、北京大兴国际机场等相继建成。这些建设条件复杂、设计施工难度大的工程项目的建造，促进了我国土木工程技术的突破，使我国的工程建造水平大幅提升，在部分领域已达到国际先进水平。

然而建筑业在高速发展的同时也存在着一些问题。长期以来，土木工程行业主要依靠资源要素投入、大规模投资来拉动发展。建筑业信息化、工业化水平较低，生产方式较为粗放，劳动生产率不高，资源消耗大等问题较为突出，工程建设组织方式较为落后，建造过程中机械化程度不高，精细化、标准化、信息化、专业化程度较低。此外，建筑工人素质偏低，工人年龄偏高，建筑行业与先进制造技术、信息技术等先进技术的结合程度较低。随着我国经济形势的变化，传统的建造方式受到了较大冲击，粗放式的生产方式难以为继。

随着全球经济形势和我国经济环境的巨大变化，新常态下的中国人口红利逐渐消失，劳动成本不断升高，经济结构矛盾不断显露，我国正在进行产业的新旧动能转换，根据十九大报告，我国经济已进入高质量发展阶段。"十四五"时期，随着国内外经济形势的变化，经济增速的减缓不可逆转，建筑业原有的粗放发展模式受到巨大挑战。新的经济形势下，建筑业实现高质量发展的必然要求是信息化和智能化。智能建造技术的应用有利于建筑业的转型升级，实现高质量发展。

1.2.1 智能建造的背景

德国"工业4.0"概念一经提出，得到了全球的广泛关注。世界制造业大国纷纷推出了各自的数字化、智能化转型战略，如美国的"工业互联网计划"、我国的"中国制造 2025"及英国的"英国工业 2050 战略"等，旨在通过生产方式的转变，推动产业升级，提高核心竞争力从而抢占产业发展先机，实现高质、高效发展。

美国 McKinsey 发表的 *Imagining construction's digital future* 提出，建筑项目的复杂性和规模已经逐渐达到了一个传统建筑业无法应对的水平，对技术和管理方法的改革迫在眉睫。在全球机构行业数字化指数排行中，建筑业位于倒数第二，仅高于"农业和狩猎"。与其他行业相比，建筑业数字化、智能化水平相对较低。利用智能建造技术对建筑业尤其是越来越重要的钢结构行业进行技术改造，推动产业变革，实现高质量发展，是建筑业面临的挑战，也是机遇。

1.2.2　智能建造的特征

智能建造是信息化、智能化与工程建设相结合的新型建造方式。智能建造技术，是以土木工程建造技术为基础，以现代信息技术和智能技术为支撑，以项目管理理论为指导，以智能化管理信息系统为表现形式，通过构建现实世界与虚拟世界的孪生模型和双向映射，对建造过程和建筑物进行感知、分析和控制，实现建造过程的精细化、高品质、高效率的一种土木工程建设模式。智能建造涉及规划、设计、施工、运维等阶段，实现建筑物全生命期的智能化。智能建造融合了 BIM、GIS、物联网、互联网、云计算、大数据、人工智能等信息技术，它们既互相独立又互相联系，共同构成了智能建造的技术体系，是智能建造的技术基础。智能建造涉及工程建造理论、项目管理理论等，它将工程建造相关理论与新一代信息技术相结合，指导新一代信息技术为土木工程建设服务。

智能建造具有全面感知、真实分析、实时控制、持续优化的特点。

1）全面感知，即对建造过程、建造物的状态等进行全面的感知，通过各种传感器、智能设备、智能终端等收集有关建造物和建造过程的各种信息和数据，通过物联网、互联网等将信息和数据进行传输，并对建造数据进行存储。智能建造技术将建造物、建造活动、建造过程需要的设备、工程管理人员、相关服务等进行在线连接，使工程管理人员和工程管理系统可以实时获取建造物和建造过程的相关数据。

2）真实分析，即利用人工智能、大数据分析等信息技术对采集到的建造物和建造过程相关的数据进行分析和处理，利用有限元计算、虚拟仿真技术等对工程状态进行仿真分析，给出自动控制所需的结果或可以辅助管理人员进行决策的信息。

3）实时控制，即通过智能设备、智能软件、智能终端等，依据分析得到的结果和相关规则如标准规范等，对建造过程、建造工艺、建造流程等进行控制，确保实现设计所预定的目标，包括通过自动控制技术对施工设备、建筑机械等进行智能化控制，通过相关人员对施工工艺、施工方法等进行控制，以及对人员的控制，最终达到对整个施工过程的全面控制。

4）持续优化，即通过前三个方面的工作，在建造过程中不断积累经验，对智能建造系统本身进行不断优化，使系统效率不断提高。

1.2.3　智能建造的由来

"智能建造"一词的产生得益于数字化和智能化技术的发展，由"数字建造"（Digital Construction）衍化而来，可认为是数字建造的高级阶段。无论是学术界还是建筑行业内都没有对智能建造形成统一的定义，广义上的智能建造是将信息化、智能化的技术与工程建设相结合的新型建造方式。狭义上的智能建造是利用机器人实现少人或者无人化的施工作业。所以国内外学者对智能建造的研究主要分为 BIM 信息化管理平台和智能化、信息化技术应用两个方向。国内学者刘占省认为，BIM 技术、物联网技术、3D 打印技术、人工智能技术、云计算技术和大数据技术，不同技术之间既相互独立又相互联系，搭建了整体的智能建造技术体系。

第**2**章
装配式混凝土结构

装配式混凝土结构概论

**知识要点**

1. 装配式建筑特点。
2. 装配式混凝土结构体系。
3. 装配式混凝土结构中外发展概况。

能力目标

1. 掌握装配式混凝土结构的特点和优势。
2. 掌握装配式混凝土结构体系。
3. 了解装配式混凝土结构面临的挑战和未来的发展趋势。

2.1.1 装配式混凝土结构简介

根据《装配式混凝土结构技术规程》（JGJ 1—2014），装配式混凝土结构（简称装配式结构）是一种由预制混凝土构件通过可靠的连接方式装配而成的混凝土结构。装配式混凝土结构的出现实现了项目开发过程的质量可控、成本可控、进度可控。

1. 预制混凝土构件

预制混凝土构件是指在工厂或现场预先制作的混凝土构件，简称预制构件。作为装配式结构的组成单元，预制构件种类繁多、功能多样。除作为非结构构件（如预制外挂墙板、预制外墙板、预制内隔墙板等）之外，预制构件也可作为结构构件，如叠合受弯构件、预制柱、预制桩等。

混凝土叠合受弯构件在我国广泛应用于装配整体式混凝土结构，它是指预制混凝土梁、板顶部在现场后浇混凝土而形成的整体受弯构件，这些构件预制混凝土与后浇混凝土共存，一般预制部分在底部（图 2-1），后浇部分在顶部，可分别简称为叠合梁、叠合板。

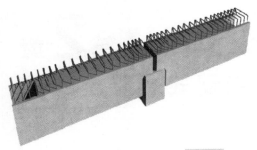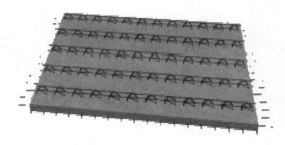

图 2-1 预制混凝土梁、板构件

2. 预制构件的连接

一般来说，装配式混凝土结构的连接方式按是否存在现场湿作业划分为整体式连接和干式连接两种。

整体式连接也称为等同现浇连接、湿式连接，施工方法有浆锚连接、键槽链接、灌浆拼接、型钢辅助连接等。整体式连接的整体性好，性能往往等同甚至优于现浇整体式结构。在我国，以钢筋套筒灌浆连接为主的浆锚连接施工工法最为常用。钢筋套筒灌浆连接是指在预制混凝土构件内预埋的金属套筒中插入钢筋并灌注水泥基灌浆料的钢筋连接方式。

干式连接不采用现场湿作业，施工工法有牛腿连接、预应力压接、预埋螺栓连接、预埋件焊接、钢吊架连接等。干式连接广泛应用于欧美发达国家，其施工简便，人力成本低，现场施工产生的污染相对较小。其中，牛腿连接又可分为明牛腿连接和暗牛腿连接两种，被我国应用于装配式单层或多层厂房。

2.1.2 装配式混凝土结构的结构体系

装配式结构按连接方式分为装配整体式混凝土结构和全预制装配混凝土结构两类。当前我国多采用装配整体式混凝土结构，即预制混凝土构件通过可靠的方式进行连接，并与现场后浇混凝土、水泥基灌浆料形成整体。

与现浇混凝土结构类似，装配式混凝土结构也可分为装配式混凝土框架结构、框架－核心筒结构、框架－剪力墙结构，以及装配式混凝土剪力墙结构。装配式混凝土框架结构主要采用预制混凝土柱作为竖向承重构件，其他竖向承重构件可全预制，也可部分预制。预制柱与水平承重构件可通过后浇混凝土、钢筋套筒灌浆、焊缝或螺栓等方式连接。除预制混凝土柱外，还可采用预制桩、预制叠合楼板、预制楼梯、预制阳台等其他预制承重构件。值得注意的是，当前技术条件下，提倡水平预制承重构件采用预应力技术，此法可使预制构件跨度增加，进而减少预制构件总数量，提高生产与施工效率，降低连接部位施工的成本。

装配式混凝土剪力墙结构主要采用预制混凝土剪力墙作为竖向承重构件。预制剪力墙与水平承重构件也可通过后浇混凝土、钢筋套筒灌浆、焊缝或螺栓等方式连接。除预制混凝土剪力墙外，还可采用预制承重墙板、预制叠合楼板、预制楼梯、预制阳台等其他预制承重构件。

装配式混凝土结构体系与传统现浇结构也有着根本上的不同。传统现浇结构的破坏多见于构件本身，如梁近端部剪坏，或梁跨中受压区混凝土压碎、受拉钢筋屈服等。然而，大量资料表明，装配式混凝土结构的破坏常常始于构件间的连接节点，如梁柱节点局部发生混凝土压碎或钢筋连接屈服，导致结构挠度过大甚至结构整体离散而破坏。因此，装配式混凝土结构中预制构件的连接具有相当重要的作用。

2.1.3　装配式混凝土结构的发展概况

1. 国外装配式混凝土结构发展

装配式建筑历史悠久，在 1875 年，W. H. Lascelles 提出了一种新的混凝土建造体系，并获得了英国 2151 号发明专利。在这一时期，预制的混凝土仅被用来填充墙体，还没有开始成为结构的承载部件。这项技术并没有普及，只在某些特殊的建筑中使用过，用来代替砖石。预制混凝土砌块相对于天然石块来说经济廉价，搭建迅速，在 19 世纪末至 20 世纪初的美国、欧洲偶有出现。

20 世纪早期，法国的设计师 A. Perret 在建筑的外墙上使用了预制混凝土。1922 年，他将现浇混凝土结构用于一所教堂，高大的外墙由预制混凝土砌块与点状的彩色玻璃结合而成。这期间，美国也出现了采用现浇混凝土的框架结构、由若干大块混凝土浇筑而成的外墙结构。

20 世纪 30 年代，法国工程师 E. Mopin 提出了另一种预制混凝土体系。他建议，在钢框架结构中，将预制的混凝土壳体用作"永久模板"，将混凝土灌注到预制的混凝土壳中，并在节点处形成可靠的连接。这种体系在英国的 Quarry Hill Flats 公寓得到了不完全的应用。虽然当时此工程遭遇了很多施工困难和质量问题，但是，这种革命性的施工方法的出现，表明预制混凝土已经参与承载并且成为了结构构件的一部分。

第二次世界大战以后，一种既经济又省力的预制混凝土结构被用于大规模的战后城市建设。以法国北方诺曼底的 Le Havre 为例，它在战争中几乎被摧毁，在重建过程中大量采用了现浇混凝土结构和预制混凝土填充墙。这种新的施工方法极大地提高了改建的效率，吸引了一大批建筑师和结构工程师的注意。另一个著名案例是出自法国建筑大师 Le Corbusier 之手的马赛公寓。这座公寓竣工于 1902 年，建筑主体为现浇混凝土，外墙板全部采用了工厂内预制的混凝土外墙板，现场装配而成。

20 世纪 70 年代后，装配式结构的发展变得多元化。经历若干次大地震之后，早期装配式结构的抗震性能问题暴露出来。装配式结构，尤其是高层装配式结构的抗震问题，至今仍然是工程界的一大难题。很多地震中的案例表明，早期的半预制半后浇结构的抗震性能往往略优于全预制结构。但是，经过 20 世纪末期的发展，美国全预制结构在解决抗震问题方面取得了较大进展。

此外，欧美建筑行业形势持续下滑，这种下滑的趋势最终影响到了装配式建筑的应用市场，大量的预制构件厂由于市场不景气、产能过剩、技术落后而面临破产危机。这也刺激了欧美预制混凝土行业，使之技术水平不断发展。例如，20 世纪 80 年代，德国 Filigran 公司发明了钢筋桁架式的叠合楼板。这种叠合楼板中预制混凝土与后浇混凝土共存，下半部是预制混凝土及预埋的钢筋桁架，钢筋桁架纵向贯穿，上半部为后浇混凝土。这种技术在欧洲地区得到了大量推广，随后，我国和日本的一些企业也相继引入该技术，并一直沿用至今。

2. 国内装配式混凝土结构发展

我国从 20 世纪五六十年代开始研究装配式混凝土建筑的设计施工技术，形成了一系列装配式混凝土建筑体系，较为典型的有装配式单层工业厂房建筑体系、装配式多层框架建筑体系、装配式大板建筑体系等。到 20 世纪 80 年代，装配式混凝土建筑的应用达到全盛时期，许多地方都形成了设计制作和施工安装一体化的装配式混凝土工业化建筑模式，装配式混凝土建筑和采用预制空心楼板的砌体建筑成为两种最主要的建筑体系，应用普及率达 70% 以上。

由于装配式建筑的功能和物理性能存在许多局限和不足，我国的装配式混凝土建筑设计和施工技术研发水平跟不上社会需求及建筑技术发展的变化，到 20 世纪 90 年代中期，装配式混凝土建筑已逐渐被全现浇混凝土建筑体系取代。目前除装配式单层工业厂房建筑体系应用较广泛外，其他预制装配式建筑体系的工程应极少。预制结构的整体性和设计施工管理的专业化研究不够，造成其技术经济性较差，是导致预制结构长期处于停滞状态的根本原因。

在香港，由于施工场地限制、环境保护要求严格，香港地区的装配式建筑应用非常普遍。由香港屋宇署负责制定的预制建筑设计和施工规范很完善，高层住宅多采用叠合楼板、预制楼梯和预制外墙等建造，厂房类建筑一般采用装配式框架结构或钢结构建造。

我国台湾地区的装配式混凝土建筑应用也较为普遍，建筑体系和日本、韩国接近，装配式结构的节点连接构造和抗震、隔震技术的研究和应用都很成熟，装配框架梁柱、预制外墙挂板等构件应用较广泛，预制建筑专业化施工管理水平较高，装配式建筑质量好、工期短的优势得到了充分体现。

2.2 装配式混凝土结构设计

 知识要点

1. 装配式混凝土建筑设计基本规定和要求。
2. 装配整体式框架结构设计。
3. 装配整体式剪力墙结构设计。
4. 外墙挂板设计。

 能力目标

1. 掌握有关装配式混凝土建筑设计的基本规定和有关要求。
2. 掌握装配整体式框架结构的设计方法及要点。
3. 了解装配整体式剪力墙结构的设计方法及要点。
4. 了解外墙挂板的设计方法及要点。

2.2.1 装配式混凝土建筑设计的基本规定

1. 建筑设计中的要点

装配式混凝土建筑设计应符合建筑功能和性能要求，符合可持续发展和绿色环保的设计原则，利用各种可靠的连接方式装配预制混凝土构件，并宜采用主体结构、装修和设备管线的装配化集成技术，综合协调给水排水、燃气、供暖、通风和空气调节、照明供电等设备系统空间设计，考虑安全运行和维修管理等要求。

2. 适用范围

建筑设计中有标准化程度高的建筑类型，如住宅、学校教学楼、幼儿园、医院、办公楼等；也有标准化程度低的建筑类型，如剧院、体育场馆、博物馆等。装配式混凝土建筑对建筑的标准化程度要求相对较高，这样同种规格的预制构件才能最大化地被利用，从而带来更好的经济效益。因此，宜选用体型较为规整、大空间的平面布局，合理布置承重墙及管井的位置。此外，预制建筑体系的发展应适应我国各地建筑功能和性能要求，遵循标准化设计，模数协调，构件工厂化加工制作。

3. 建筑模数协调

建筑设计应符合《建筑模数协调标准》（GB/T 50002—2013）的规定，采用系统性的建筑设计方法，满足构件和部品标准化、通用化要求。建筑结构形式宜简单、规整，设计应合理，满足建筑使用的舒适性和适应性要求。建筑的外墙围护结构及楼梯、阳台、内隔墙、空调板、管道井等配套构件和室内装修材料，应该采用工业化、标准化的部件部品。建筑体型和平面布置应符合《建筑抗震设计标准（2024 年版）》（GB/T 50011—2010）关于安全性及抗震性等相关要求。

4. 结构设计基本规定

装配式结构的平面布置应该符合下列规定：平面形状宜简单、规则、对称，质量、刚度分布宜均匀；不应采用严重不规则的平面布置，平面长度不宜过长，平面不宜采用角部重叠或细腰形布置。

装配式结构竖向布置应连续、均匀，应避免抗侧力结构的侧向刚度和承载力沿竖向突变，并应符合《建筑抗震设计标准（2024 年版）》的有关规定。

抗震设计的高层装配整体式结构，当其房屋高度、规则性、结构类型等超过上述规定或者抗震设防标准有特殊要求时，可按《高层建筑混凝土结构技术规程》（JGJ 3—2010）的有关规定进行结构抗震性能设计。

装配式结构构件及节点应进行承载能力极限状态及正常使用极限状态设计，并应符合《混凝土结构设计标准（2024 年版）》（GB/T 50010—2010）、《建筑抗震设计标准（2024 年版）》和《混凝土结构工程施工规范》（GB 50666—2011）等的有关规定。

抗震设计时，构件及节点的承载力抗震调整系数 γ_{RE} 应按表 2-1 采用；当仅考虑竖向地震作用组合时，承载力抗震调整系数 γ_{RE} 应取 1.0。预埋件锚筋截面计算的承载力抗震调整系数 γ_{RE} 应取为 1.0。预制构件节点及接缝处后浇混凝土强度等级不应低于预制构件的混凝土强度等级；多层剪力墙结构中墙板水平接缝用砂浆材料的强度等级值应大于被连接构件的混凝土强度等级值。预埋件和连接件等外露金属件应按不同环境类别进行封闭或防腐、防锈、防火处理，并应符合耐久性要求。

表 2-1　构件及节点承载力抗震调整系数 γ_{RE}

结构构件类别	正截面承载力计算					斜截面承载力计算	受冲切承载力计算，接缝受剪承载力计算
	受弯构件	偏心受压构件		偏心受拉构件	剪力墙	各类构件及框架节点	
		轴压比小于 0.15	轴压比不小于 0.15				
γ_{RE}	0.75	0.75	0.8	0.8	0.85	0.85	0.85

在各种设计状况下，装配式整体式结构可采用与现浇混凝土结构相同的方法进行结构分析。

2.2.2　装配整体式框架结构设计

1. 结构设计中的一般规定

部分或全部的框架梁、柱采用预制构件，通过可靠方式连接，并与现场后浇混凝土、水泥基灌浆料形成整体的框架结构，称为装配整体式框架结构体系。根据预制构件的种类，该体系又可分为以下两种类型：一种是预制柱＋叠合梁＋叠合板，另一种是现浇柱＋叠合梁＋叠合板。

框架沿高度方向各层平面柱网尺寸宜相同，框架柱宜上下对齐，尽量避免因楼层某些框架柱取消而形成竖向不规则框架。例如，因建筑功能需要造成不规则时，应根据不规则程度采取加强措施，如加厚楼板、增加边梁配筋等。

框架柱截面尺寸宜沿高度方向由大到小均匀变化，混凝土强度等级宜和柱截面尺寸错开楼层变化，以使结构侧向刚度均匀变化。同时应尽可能使框架柱截面中心对齐，或上下柱仅有较小的偏心。结构设计时首先必须遵循强柱弱梁、强剪弱弯、强节点弱构件等原则。

根据《建筑抗震设计标准（2024 年版）》、《高层建筑混凝土结构技术规程》（JGJ 3—2010）和《装配式混凝土结构技术规程》（JGJ 1—2014）的规定，装配整体式框架结构房屋的最大适用高度见表 2-2。

表 2-2　装配整体式框架结构房屋的最大适用高度　　　　　　　　（单位：m）

结构类型	非抗震设计	抗震设防烈度			
		6 度	7 度	8 度 (0.2g)	8 度 (0.3g)
装配整体式框架结构	70	60	50	10	30

高层装配整体式框架结构应设置地下室，地下室宜采用现浇混凝土；框架结构首层柱应该采用现浇混凝土，顶层宜采用现浇楼盖结构。带转换层的装配整体式框架结构采用部分框支剪力墙结构时，底部框支层不宜超过两层，且框支层及相邻上一层应采用现浇结构。

2. 结构整体计算分析

装配整体式框架结构是为了适应大工业化生产方式的要求，虽然采用预制构件和现场装配施工为主的生产方式，但是总体上不改变建筑的结构形式，因此，装配整体式结构房屋的整体设计计算方法，可以参考国家现行结构设计规范，套用现行的设计计算方法，受力性能等同于现浇结构房屋。当同一层内既有预制又有现浇抗侧力构件时，地震设计状况下宜对现浇抗侧力构件在地震作用下的弯矩和剪力进行适当放大。装配整体式框架结构承载能力极限状态及正常使用极限状态的作用效应分析可采用弹性方法。按弹性方法计算的风荷载或多遇地震标准值作用下的楼层层间最大位移 Δu 与层高 h 之比的限值宜按 1/550 采用。在结构内力与位移计算时，对现浇楼盖和叠合楼盖，均可假定楼盖在其自身平面内为无限刚性；楼面梁的刚度可计入翼缘作用予以增大；梁刚度增大系数可根据翼缘情况近似取为 1.3~2.0。

2.2.3　装配整体式剪力墙结构设计

1. 结构设计中的一般规定

部分或全部剪力墙采用预制墙板，通过可靠方式连接，并与现场后浇混凝土、水泥基灌浆料形成整体的剪力墙结构，称为装配整体式剪力墙结构体系。

装配整体式剪力墙结构和装配整体式部分框支剪力墙结构，在规定的水平力作用下，当预制剪力墙构件底部承担的总剪力大于该层总剪力的 50% 时，其最大适用高度应适当降低；当预制剪力墙构件底部承担的总剪力大于该层总剪力的 80% 时，最大适用高度应取表 2-3 中括号内的数值。

表 2-3　装配整体式剪力墙结构房屋的最大适用高度　　　　（单位：m）

结构类型	非抗震设计	抗震设防烈度			
		6 度	7 度	8 度 (0.2g)	8 度 (0.3g)
装配整体式框架 –现浇剪力墙结构	150	130	120	110	80
装配整体式剪力墙结构	140 (130)	130 (120)	110 (100)	90 (80)	70 (60)
装配整体式部分框支剪力墙结构	120 (110)	110 (100)	90 (80)	70 (60)	40 (30)

高层装配整体式剪力墙结构宜设置地下室，地下室宜采用现浇混凝土；剪力墙结构底部加强部位的剪力墙宜采用现浇混凝土。带转换层的装配整体式剪力墙结构中，转换梁、转换柱宜现浇。

抗震设计时，对同一层内既有现浇墙肢也有预制墙肢的装配整体式剪力墙结构，现浇墙肢水平地震作用弯矩、剪力宜乘以不小于 1.1 的增大系数。装配整体式剪力墙结构应沿两个方向布置，剪力墙的截面宜简单、规则；预制墙的门窗洞口宜上下对齐，成列布置。抗震设防烈度为 8 度时，高层装配整体式剪力墙结构中的电梯井筒宜采用现浇混凝土结构。预制墙实物如图 2-2 所示。

2. 结构整体计算分析

在各种设计状况下，装配整体式结构可采用与现浇混凝土结构相同的方法进行结构分析。当同一层内既有预制又有现浇抗侧力构件时，地震设计状况下宜对现浇抗侧力构件在地震作用下的弯矩和剪力进行适当放大。装配整体式剪力墙结构承载能力极限状态及正常使用

图2-2　预制墙实物

极限状态的作用效应分析可采用弹性方法。按弹性方法计算的风荷载或多遇地震标准值作用下的楼层层间最大位移 Δu 与层高 h 之比的限值宜按表2-4采用。

表2-4　按弹性方法计算的风荷载或多遇地震标准值作用下 $\Delta u/h$ 限值

结构类型	$\Delta u/h$ 限值
装配整体式框架 – 现浇剪力墙结构	1/800
装配整体式剪力墙结构、装配整体式部分框支剪力墙结构	1/1000
多层装配式剪力墙结构	1/1200

在结构内力与位移计算时，对现浇楼盖和叠合楼盖，均可假定楼盖在其自身平面内为无限刚性；楼面梁的刚度可计入翼缘作用予以增大；梁刚度增大系数可根据翼缘情况近似取为 1.3～2.0。抗震设计时，对同一层内既有现浇墙肢也有预制墙肢的装配整体式剪力墙结构，现浇墙肢水平地震作用弯矩、剪力宜乘以不小于 1.1 的增大系数。

2.2.4　外墙挂板设计

从建筑上说，外墙挂板是一种施工方法，是将板材通过干挂等施工方法悬挂于墙体的外面，以达到装饰或保温等效果。从产品上说，外墙挂板是一类建筑材料，是用于外墙的建筑板材。外墙挂板必须具有耐蚀、耐高温、抗老化、无辐射、防火、防虫、不变形等基本性能，同时还要求造型美观、施工简便、环保节能等。常见的外墙挂板有纤维水泥板（图2-3）、铝塑板、PVC 板、石材等。预制混凝土外挂板利用混凝土可塑性强的特点，可充分表达建筑师的设计意愿，使大型公共建筑外墙具有独特的表现力。装饰混凝土外挂板采用反打成型工艺，带有装饰面层。装饰混凝土外挂板是在普通混凝土的表层，通过色彩、色调、质感、款式、纹理、肌理和不规则线条的创意设计、图案与颜色的有机组合，创造出各种天然大理石、花岗石、砖、瓦、木等天然材料的装饰效果。预制混凝土外墙挂板在工厂采用工业化生产，具有施工速度快、质量好、维修费用低的特点。

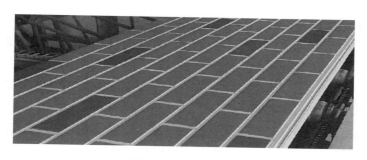

图 2-3　纤维水泥板

预制混凝土外墙挂板与主体结构的连接宜采用柔性连接构造，保证外墙挂板在地震时能够适应主体结构的最大层间位移角。外墙挂板的最大层间位移角，当用于混凝土结构时应不小于 1/200，当用于钢结构时应不小于 1/100。目前柔性连接节点主要有弹性滑移节点及弹塑性变形节点。板与主体结构间距为 30~50mm，板与板之间的接口尺寸为 15~25mm。预制墙板通过干式连接节点和混凝土框架梁连接。干式连接节点由三部分组成：框架梁中预埋件及钢牛腿、预制墙板预埋件、带端板的销轴连接件。

1. 一般规定

外墙挂板应采用合理的连接节点并与主体结构可靠连接。有抗震设防要求时，外墙挂板及其与主体结构的连接节点，应进行抗震设计。外墙挂板结构分析可采用线弹性方法，其计算简图应符合实际受力状态。对外墙挂板和连接节点进行承载力验算时，其结构重要性系数 γ 取值不应小于 1.0，且连接节点承载力抗震调整系数 γ_{RE} 应取 1.0。支承外墙挂板的结构构件应具有足够的承载力和刚度。外墙挂板与主体结构宜采用柔性连接，连接节点应具有足够的承载力和适应主体结构变形的能力，并应考虑采取可靠的防腐、防锈和防火措施。

2. 外墙挂板设计及节点连接方式

预制混凝土外墙挂板在施工阶段的验算应考虑外挂板自重、脱模吸附力、翻板、吊装及运输等环节最不利施工荷载工况计算。预制混凝土外墙挂板及连接节点按承载力极限状态计算和按正常使用极限状态验算时，应考虑外挂板自重（含窗重）、风荷载、地震作用及温度应力等荷载作用的不利组合。

预制混凝土外墙挂板构件设计应根据《混凝结构设计标准（2024 年版）》进行承载力极限状态计算、正常使用极限状态验算，以及挂板在翻转、运输及吊装过程中构件受力的最不利工况验算。按正常使用极限状态计算时，采用标准组合、准永久组合值，荷载组合系数按现行荷载规范取用。挂板挠度限值取 1/200，裂缝控制等级按三级考虑，最大裂缝宽度允许值取 0.2mm。

外墙挂板及主体结构上的预埋件、混凝土牛腿应根据受力工况按《混凝土结构设计标准（2024 年版）》设计；连接件、钢牛腿、螺栓及焊缝应根据最不利荷载组合按《钢结构设计标准》（GB 50017—2017）进行承载力极限状态设计。

预制混凝土外墙挂板的受力主筋宜采用直径不小于 8mm 的热轧带肋钢筋。内、外层混凝土面板均应配置构造钢筋面网，钢筋网可采用直径 5mm 的冷轧带肋钢筋或冷拔钢丝焊接网，网孔尺寸宜为 100～150mm。对于复合保温外墙挂板，当采用独立连接件连接内、外两层混凝土板时，宜按里层混凝土板进行承载力和变形计算；当采用钢筋桁架连接时，可按内外两层板共同承受墙面水平荷载计算其承载力和变形。

外墙挂板高度不宜大于一个层高，厚度不宜小于 100mm。外墙挂板宜采用双层、双向配筋，竖向和水平钢筋的配筋率均不应小于 0.15%，且钢筋直径不宜小于 5mm，间距不宜大于 200mm。门窗洞口周边、角部应配置加强钢筋。外墙挂板最外层钢筋的混凝土保护层厚度除有专门要求外，对石材或面砖饰面，不应小于 15mm；对清水混凝土，不应小于 20mm；对露骨料装饰面，应从最凹处混凝土表面计起，且不应小于 20mm。

外墙挂板与主体结构采用点支承连接时，连接件的滑动孔尺寸应根据穿孔螺栓的直径、层间位移值和施工误差等因素确定。外墙挂板间接缝的构造应满足防水、防火、隔声等建筑功能要求；接缝宽度应满足主体结构的层间位移、密封材料的变形能力、施工误差、温差引起变形等要求，且不应小于 15mm。

复合板和单板的连接构造节点在满足连接件受力计算和建筑要求的情况下可以通用。连接节点中的连接件厚度不宜小于 8mm，连接螺栓的直径不宜小于 20mm，焊缝高度应按相关规范要求设计且不应小于 5mm。

计算外挂墙板及连接节点的承载力时，具体详见《装配式混凝土结构技术规程》的相关章节。

2.3 装配式混凝土施工技术

 知识要点

1. 建筑用机械的选型。
2. 布置施工场地。
3. 装配整体式框架结构施工技术。
4. 装配整体式剪力墙结构施工技术。
5. 外墙挂板施工技术。

 能力目标

1. 了解建筑用机械分类及选择。
2. 了解装配式建筑施工场地的布置。
3. 掌握装配整体式框架结构的施工技术。
4. 了解装配整体式剪力墙结构的施工技术。
5. 了解外墙挂板施工技术。

2.3.1 机械选型与施工场地布置

装配式建筑有其特有的施工规律。与传统施工方法不同，预制构件的机械吊装是结构施工的关键部分。为了组织立体交叉、均衡有序的安装施工流水作业，需要根据建筑物设计与施工现场具体情况，合理地选用与安排建筑机械，布置施工道路与构件现场堆放等。

1. 机械选型

用于组装构件的机械及用具，要根据其使用目的充分发挥其功能。对于与主体材料、构件有关的起重机械，根据设置形态可以分为固定式的塔式起重机和履带式起重机，施工时要根据施工场地和建筑物形状进行选择。

进行起重机选择时，要根据预制混凝土构件的运输路径和起重机施工作业空间等要素决定采用固定式的塔式起重机还是采用移动式的履带式起重机。当选择固定式的塔式起重机（简称塔吊，见图2-4）时，先根据场地情况及施工流水情况粗略布置塔吊位置，使塔吊尽可能覆盖施工场地，并尽可能靠近起重量需求大的地方。此外，要考虑群塔作业影响，限制塔吊相互关系与臂长，并尽可能使塔吊所承担的吊运作业区域大致均衡。塔吊的选型需要考虑最重预制构件的重量及位置，使得塔吊能够满足最重构件的起吊要求。最后，根据其余各构件重量、大钢模重量及其与塔吊相对位置关系对选定的塔吊进行校验。塔吊选型完成后，根据预制构件重量与其安装部位相对关系进行道路布置与堆场布置。当采用移动式的履带式起重机（图2-5）时，还应着重考虑施工现场是否具有移动式作业空间和拆卸空间、道路的平整情况与承载能力等。另外，起重机的选型和布置还要考虑主体工程时间，综合判断起重机的租赁费用、组装与拆卸费用。

图 2-4 固定式的塔式起重机

图 2-5 移动式的履带式起重机

对于起重量较小的装修材料的起重机械，在制订起重计划时，比起物品的重量，需要更多地考虑物品大小及使用频率。

2. 施工场地布置

预制构件运送到施工现场后，应按规格、品种、所用部位、吊装顺序分别设置堆放场地。预制构件的堆放涉及质量和安全要求，应按工程或产品特点制定运输排放方案，策划重点控制环节，对于特殊构件还要制定专门的质量安全保证措施。预制构件临时堆放场地需在起重机作业范围内，避免二次搬运；并且，堆放点应在起重机一侧，避免在起重机工作盲区作业。临时存放区域应与其他工种作业区之间设置隔离带或做成封闭式存放区域，尽量避免吊装过程中起重机吊臂在其他工种工作区内经过，影响其他工种正常工作；并应设置警示牌及标识牌，与其他工种要有安全作业距离。现场堆放堆场应平整坚实，并有良好的排水措施。运输车辆进入施工现场的道路，应满足预制构件的运输要求，以防止车辆摇晃导致构件碰撞、扭曲和变形。卸放、吊装工作范围内不应有障碍物，并应有满足预制构件周转使用的场地。

预制构件的堆放有水平放置与竖立放置两种形式。预制构件堆场的布置原则是：预制构件存放受力状态与安装受力状态一致，避免由于存放不合理导致构件破坏。堆放时应按吊装顺序、规格、品种、所用幢号房等分区配套堆放，不同构件堆放之间宜设宽度为 $0.8 \sim 1.2m$ 的通道。原则上，墙板类构件应竖立堆放，叠合板、叠合梁、框架柱等构件应水平堆放。平放码垛时，每垛不超过 6 块且不超过 1.5m，底部垫 2 根 $100mm \times 100mm$ 通长木方且支垫位置在墙板平吊埋件位置下方，做到上下对齐。构件竖立堆放时要将地面压实，并做地面硬化；竖立堆放的构件宜配套设置支架，并应做好固定措施，以保证构架与支架不发生倾覆；当场地条件允许时，可采用堆放排架的形式；竖立放置的构件应保持竖直状态，并应保持平衡。竖立放置时，构件容易倒塌，所以必须把两端固定在支架（靠放架或插放架）上，支架应有足够的承载力和刚度，并应支垫稳固。

外墙板与内墙板可采用竖立插放或靠放（图 2-6）。当采用靠放架堆放构件时，靠放架应有足够的承载力和刚度。宜将相邻靠放架连成整体，采用靠放架堆放的墙板宜对称靠放、外饰面朝外、与竖向的倾斜角不宜大于 $10°$，构件上部宜采用木垫块隔离。当采用插放架直立堆放时，通过专门设计的插放架应有足够的承载力和刚度，并需支垫稳固，防止倾倒或下沉。墙板宜升高离地存放，确保根部面饰、高低口构造、软质缝条和墙体转角等保持质量不受损。对连接止水条、高低口、墙体转角等易损部位，应采用定型保护垫块或专用式附套件做加强保护。

图 2-6 预制构件竖立放置

预制构件水平放置时可采用构件叠放的形式（图 2-7），节约有限的现场放置点。构件叠放在一起时应采取防止构件产生裂缝的措施。每层构件间的垫木或垫块应在同一垂直线上，以免构件局部受剪破坏。应保证最下层构件垫实，预埋吊件宜向上，标识宜朝向堆垛间的通道。垫木或垫块在构件下的位置与脱模、吊装时的起吊位置一致。预制构件的堆垛层数应根据构件与垫木或垫块的承载能力及堆垛稳定性确定，必要时应设置防止构件倾覆的支架。堆放预应力构件时，应根据构件起拱值的大小和堆放时间采取相应措施。

图 2-7　预制构件水平放置

2.3.2　装配整体式框架结构施工技术

1. 施工流程

装配整体式框架结构是将全部或部分框架梁、板、柱在工厂预制，通过节点部位混凝土现浇及梁板叠合层整体浇筑的方式将构件连接成为整体的框架结构体系。预制楼板多采用叠合楼板，预制梁多采用叠合梁。

装配式结构安装应根据工期要求及工程量、机械设备等现场条件，制定装配式结构施工专项施工计划与方案。施工方案应结合结构深化设计，构件制作、运输和安装全过程各工况的验算，以及施工吊装与支撑体系的验算等，进行策划与制定，充分反映装配式结构施工的特点和工艺流程的特殊要求。装配整体式框架结构典型施工流程如图 2-8 所示。

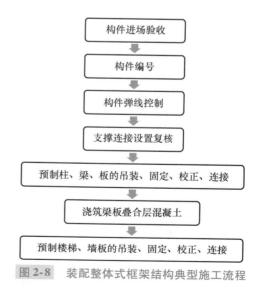

图 2-8　装配整体式框架结构典型施工流程

2. 施工控制要点

（1）预制柱安装与施工控制要点

预制柱属于竖向受力构件，其安装流程为：熟悉设计图→核对编号→安装准备→吊装→安装→斜支撑安装→垂直度精调→灌浆→保护→验收。

根据预制柱平面各轴的控制线和柱框线，校核预埋套管位置的偏移情况，并做好记录。若预制柱有小距离的偏移，需借助辅助就位设备进行调整。检查预制柱进场的尺寸、规格和混凝土的强度是否符合设计和规范要求，检查柱上预留套管及预留钢筋是否满足施工图要求，套管内是否有杂物等。预制柱安装施工前应确认预制柱与现浇结构表面清理干净，不得有浮灰、木屑等杂物。安装结构面应进行拉毛处理，且不得有松动的混凝土碎块及外露石子，不得有明显积水。

预制柱吊装前须校核定位钢筋位置，保证吊装就位准确。吊装前在柱四角放置金属垫块，以利于预制柱的垂直度校正。按照设计标高，结合柱子长度对偏差进行确认。

预制柱采用钢丝绳吊装，由起重机吊装至安装位置。起吊时先吊离地面50cm，检查构件外观质量及吊钩连接，无误后继续起吊。柱子起吊过程中一定要保护好柱子底部的外伸钢筋。一般可以预先套上钢管三脚架或者垫木，以保护外伸钢筋。

柱初步就位时应将预制柱钢筋与下层预制柱的预留钢筋初步试对，无问题后准备进行固定。利用螺栓将预制柱的斜支撑杆安装在预制柱与现浇梁板的螺栓连接件上；进行初调，保证预制柱大致竖直；初步就位后，利用可调节斜支撑螺栓杆进行精确调直和固定。具体方法与预制剪力墙结构外墙的吊装与固定方法类似。

对于预制柱，由于其底部纵向钢筋可以起到水平约束的作用，因此其支撑主要以斜撑为主。柱子的斜撑最少也要设置2道，且要设置在2个相邻的侧面上。当有条件时，中柱或边柱也可在柱的4个侧面或3个侧面设置支撑。考虑到临时斜撑主要承受水平荷载，为充分发挥其能力，上部斜撑的支撑点至板构件底部的距离不宜小于构件高的2/3。

柱端部水平接合部主要位于柱脚和柱头。柱主筋的接头一般情况下设置在柱脚，下层柱的主筋先从楼板面上凸出规定的长度，然后将内含套筒接头的预制柱插入其中，预制柱接头通过套筒灌浆连接，套筒侧面有注浆孔、出浆孔供专业灌浆机具进行高压注浆操作。灌浆操作时，柱脚四周采用坐浆材料封边，形成密闭灌浆腔，保证在最大灌浆压力（约1MPa）下密封有效。如果所有连接接头的灌浆口都未被封堵，当灌浆口漏出浆液时，应立即用胶塞封堵牢固。一个灌浆单元只能从一个灌浆口注入，不得从多个灌浆口同时注浆。

（2）预制梁安装与施工控制要点

预制梁构件安装流程为：熟悉设计图→核对编号→安装准备→弹出控制线并复核→支撑体系施工→预制梁起吊、就位→叠合梁校正→上层钢筋安装→钢筋隐蔽工程验收→浇筑上层混凝土。

预制梁起吊中要保证各吊点受力均匀，尤其是预制节段主梁吊装时，要保障预制主梁每个节段的受力平衡及变形协调，同时注意避免预制梁的外伸连接钢筋与立柱预留钢筋发生碰撞。待预制梁停稳后须缓慢下放，以免安装时冲击力过大导致梁柱接头处的构件破损。梁起吊时，吊索应有足够的长度，以保证吊索和吊运钢梁之间的角度不小于60°。

柱构件有预制构件和现浇混凝土构件之分，在预制柱构件上面搭建梁构件时，在梁构件中央需要搭设支撑；柱为现浇混凝土构件时，需要支架承受整个梁的荷载。吊装班组要依据预制梁的标高控制线，调整支撑体系顶托对预制梁标高进行校正。梁底支撑可采用立杆支撑＋可调顶托＋100mm×100mm方木。同时根据预制梁轴线位置控制线，利用楔形木块嵌入预制梁的方法对叠合梁轴线位置进行调整。梁的吊装过程中需要注意的是，要按柱对称的方式吊装。待叠合梁安装完毕后，根据在预制梁上方钢筋间距控制线进行叠合层钢筋绑扎，保证钢筋搭接和间距符合设计要求。叠合层钢筋隐蔽检查合格、结合面清理干净后，即可浇筑梁柱接头、预制梁叠合层及叠合楼板上层混凝土。

梁的连接主要包括梁柱连接、梁梁连接、梁板连接等。梁柱节点现场浇筑混凝土时，应确保键槽内的杂物清理干净，并提前 24h 浇水润湿。键槽钢筋绑扎时，为确保钢筋位置的准确，键槽预留 U 形开口箍，待梁柱钢筋绑扎完成后，在键槽上安装倒 U 形开口箍与原预留 U 形开口箍双面焊接。梁柱节点处可采用钢模板施工，施工要点是控制好模板与预制构件之间的拼缝及结构尺寸。

两根梁对接时，一般将连接位置设在跨中附近。此类接头是在接合部的内部安装梁主筋的钢筋接头，通过现浇混凝土将梁构件连接成整体。因为地震荷载作用时的弯矩非常小，所以大多在接合面上设置抗剪键。

梁与板的连接是指在楼板上浇筑混凝土使板与预制梁接合。将预制梁上端主筋设置在叠合梁的现浇混凝土部分，然后使抗剪钢筋从预制梁上伸出，作为连接钢筋。在箍筋或附加钢筋的内侧设置梁上端主筋或加固钢筋等之后，通过在预制梁的上面现浇混凝土，使构件形成整体。

（3）预制楼梯安装与施工控制要点

1）起吊前检查吊具，确保其保持正常工作性能。吊具螺栓出现裂纹、部分螺纹损坏时，应立即进行更换，同时保证施工三层更换一次吊具螺栓，确保吊装安全。检查吊具与预制板背面的四个预埋吊环是否扣牢，确认无误后方可缓慢起吊。

2）放样控制线。在楼梯洞口外的板面放样楼梯上、下梯段板控制线，在楼梯平台上划出安装位置（左右、前后控制线），在墙面上划出标高控制线。在梯段上下口梯梁处铺水泥砂浆找平层，找平层标高要控制准确。弹出楼梯安装控制线，对控制线及标高进行复核，控制安装标高。楼梯侧面距结构墙体预留 3cm 空隙，为保温砂浆抹灰层预留空间。

3）安装吊具。当采用双排型钢吊装架时，应将吊装架上的吊点设置为与楼梯构件吊点分别位于竖直线上，以使吊绳竖直。高跨处两个吊点采用等长钢丝绳连接吊装架；低跨处两个吊点采用等长钢丝绳配合倒链的方式连接吊装架。

4）起吊。预制楼梯梯段采用水平吊装。楼梯起吊前，检查吊环，用卡环销紧。构件吊装前必须进行试吊，先吊起距地 50cm 的高度后停止，检查钢丝绳、吊钩的受力情况，使楼梯保持水平，然后吊至作业层上空。吊装时，应使踏步平面呈水平状态，便于就位。将楼梯吊具用高强度螺栓与楼梯板预理的内螺纹连接，以便钢丝绳吊具及倒链连接吊装。

一般情况下楼梯采用平放的方式堆放，因此吊装过程中需要考虑楼梯的翻身作业。通常有两种方式：空中翻身与地面翻身。当采用空中翻身时，应首先将构件平吊离开地面，再放松倒链使得楼梯翻身至设计角度。当采用地面翻身时，应先将高跨处吊点与塔吊吊钩连接，以最低跨踏步处底板转角点为转轴将构件翻转至设计角度，在最高跨踏步下设置支撑架以放松高跨处吊绳。在该形态下，使用吊装架重新安装各吊点处吊绳及低跨处倒链，并张紧使各吊点均匀受力。构件的翻身应进行专项受力分析，寻求既方便又能满足受力要求的翻身方式。

5）楼梯就位。就位时楼梯板要从上竖直向下安装，在作业层上空60cm左右处略作停顿，施工人员手扶楼梯板调整方向（图2-9），将楼梯板的边线与梯梁上的安放位置线对准，放下时要停稳慢放，严禁快速猛放，以避免冲击力过大造成板面裂缝甚至折断。

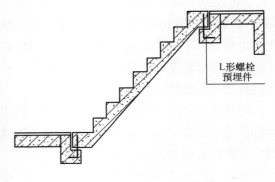

L形螺栓预埋件

图2-9　预制楼梯示意图

6）校正。基本就位后再用撬棍微调楼梯板，直到位置正确，搁置平实。安装楼梯板时，应特别注意标高正确，校正后再脱钩。构件的就位调整应达到设计及验收规范规定的精度。

7）连接。预制楼梯的安装时间为在上层墙体出模后，开始吊装下层预制楼梯踏步板，保证L形梁强度。预制楼梯部分与梁连接，一端固定，另一端滑动。预制梯段对应位置预留栏杆孔，楼梯栏杆与楼梯梯段采用浆锚连接。预制楼梯与现浇梁板采用预埋件焊接连接时，应先施工梁板，后放置、焊接楼梯；采用锚固钢筋连接时，应先放置楼梯，后施工梁板。

2.3.3　装配整体式剪力墙结构施工技术

1. 施工流程

装配整体式剪力墙结构由竖向受力构件和水平受力构件组成，构件采用工厂化生产（或现浇剪力墙），运至施工现场后经过装配及后浇叠合形成整体，其连接节点通过后浇混凝土结合，水平向钢筋通过机械连接或其他方式连接，竖向钢筋通过钢筋灌浆套筒连接或其他方式连接。竖向受力构件和水平受力构件主要包括预制的内外墙板、楼板、楼梯等预制商品混凝土板材。在满足抗震设计和可靠的节点连接前提下，其力学模型等同于现浇混凝土剪力墙结构。装配整体式剪力墙结构施工流程如图2-10所示。

2. 施工控制要点

（1）起吊准备

1）根据构件吊装计划及构件进场资料定位所需吊装构件，检查构件预制时间及质量合格文件，确认构件无误及构件强度满足规范规定的吊装要求后，安装吊具，并在构件上安装缆风绳，方便构件就位时牵引与姿态调整。

2）提前在构件上放好控制线。

3）确认塔吊起重量与吊装距离满足吊装需求，核实现场环境、天气、道路状况等满足吊装施工要求。

4）成立专业小组，进行安全教育与技术交底；确保各个作业面达到安全作业条件；确保塔吊、钢丝绳、卡环、锁扣、外架、安全用电、防风措施等达到安全作业条件；检查复核吊装设备及吊具处于安全操作状态。吊装时吊装人员必须均在混凝土楼面上进行施工，需在外架上施工时必须系好安全带。

5）检查构件内预埋的吊环或其他类型吊装预埋件是否完好无损，规格、型号、位置是否正确无误。起吊前应先试吊，将构件吊离地面约50cm，静置一段时间确保安全后再行吊装。

6）对较重构件、开口构件、开洞构件、异形构件及其他设计要求的构件，应进行吊装过程受力分析，包括翻身过程、起吊过程、临时支撑状态等多种工况，对其中受力不利状态进行加固补强，避免吊装过程中构件破坏或者出现其他安全事故。

7）装配式结构施工前，应选择有代表性的单元进行预制构件试安装，并根据试安装结果及时调整完善施工方案和施工工艺。

（2）就位与临时支撑准备

1）核对预制构件的混凝土强度及预制构件和配件的型号、规格、数量等符合设计要求。

2）检查墙板构件套筒、预留孔的规格、位置、数量和深度；检查被连接钢筋的规格、数量、位置和长度。当套筒、预留孔内有杂物时，应清理干净；当连接钢筋倾斜时，应进行校直。连接钢筋偏离套筒或孔洞中心线不宜超过5mm。

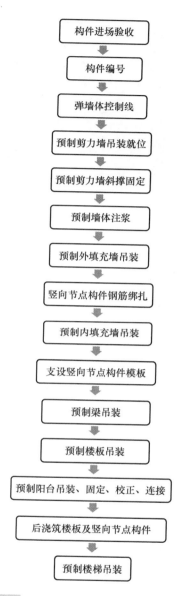

图 2-10　装配整体式剪力墙结构施工流程

3）测量放线，设置构件安装定位标识；校核现场预留钢筋的平面间距、长度等；必须确认现浇构件的强度已达设计要求。测量放线包括在预制墙板室内侧画出78cm（结构面起80cm）标高线及两条纵向定位线；在楼板上画出对应于预制墙板的纵向定位线和横向定位线（图2-11）。

4）检查临时支撑埋件套筒，如有杂物应及时清理干净；检查楼板面临时支撑埋件是否已安装到位；确认楼板混凝土强度达到设计要求；预先在墙板上安装临时支撑连接件。

5）检查临时支撑的规格、型号、数量是否满足施工要求，调节部件是否灵活可调且紧

a) 确定标高控制点

b) 楼面弹线

图 2-11　测量放线

固后牢固可靠；检查可调斜撑的调节量程是否满足施工要求；检查连接件规格、数量等是否满足施工要求。

6）应备好可调节接缝厚度和底部标高的垫块。底部标高垫块宜采用钢质垫片或硬橡胶垫片，厚度采用 2mm、3mm、5mm、10mm、20mm 的组合。

7）复核临时支撑安装方案。

（3）预制墙板吊装

1）墙板构件吊装用吊装连接件将钢丝绳与墙板预埋吊点连接，起吊至距地面约 50cm 处时静停，检查构件状态且确认吊绳、吊具安装连接无误，方可继续起吊。起吊要求缓慢匀速，保证预制墙板边缘不被破坏。

2）构件距离安装面约 100cm 时，应慢速调整，安装人员应使用搭钩将溜绳拉回，用缆风绳将墙板构件拉住使构件缓速降落至安装位置；构件距离楼地面约 30cm 时，应由安装人员辅助轻推构件根据定位线进行初步定位；楼地面预留插筋与构件灌浆套筒应逐根对准，待插筋全部准确插入套筒后缓慢降下构件。

（4）预制墙板定位

预制构件的初步定位：在吊装过程中预制墙板快要就位时用缆风绳牵引构件向预定位置靠拢，缓慢将下层预留钢筋准确的插入灌浆套筒中。

（5）安装临时支撑

1）预制墙板构件安装时的临时支撑体系主要包括可调节式支撑杆、端部连接件、连接螺栓、预埋螺栓等。

2）墙板构件的临时支撑不宜少于 2 道，每道支撑由上部的长斜支撑杆与下部的短斜支撑杆组成。上部斜支撑的支撑点距离板底不宜小于板高的 2/3，且不应小于板高的 1/2，具体根据设计给定的支撑点确定。

3）墙体斜支撑的安装分为连接件安装、支撑杆安装、支撑紧固。

4）连接件安装在构件吊装之前进行。墙板上的连接件选用 π 形连接件，其由三块钢板焊接而成，如图 2-12 所示，通过 M20 螺栓与预制墙板连接。楼板上的连接件选用 T 形连接

件，其由两块正交钢板焊接而成，与两个预
埋螺栓孔连接。

（6）墙体安装精度调节

1）墙体的标高调整应在吊装过程中墙体
就位时完成，主要通过将墙体吊起后调整垫片
厚度进行。墙体的水平位置与垂直度通过斜支
撑调整。一般斜支撑的可调节长度为 ±100mm。
调节时，以预先弹出的控制线为准，先进行水
平位置的调整，再进行垂直度的调整。

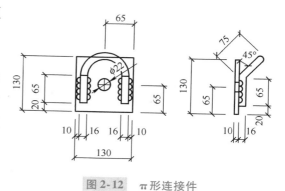

图 2-12　π 形连接件

2）墙板安装精确调节措施如下：

① 在墙板平面内，通过楼板面弹线进行平面内水平位置校正调节。若平面内水平位置
有偏差，可在楼板上锚入钢筋，用小型千斤顶在墙板侧面进行微调。

② 在垂直于墙板平面方向，可用墙板下部短斜支撑杆进行微调控制墙板水平位置，当
墙板边缘与预先弹线重合停止微调。

③ 当墙板水平位置调节完毕后，调整墙板上部长斜支撑杆的长度，进行墙板垂直度
控制。

（7）构件吊装操作要点

1）构件吊装应采用慢起、快升、缓放的操作方式。起吊应依次逐级增加速度，不得越
档操作。

2）当构件为 U 形开口形式时，应在 U 形开口两侧墙体之间设置型钢连接件，用以加固
构件，提高其刚度与整体变形能力，确保预制墙板边缘不发生破坏。当构件为开洞构件且开
洞尺寸较大时，应进行相应的吊装作业受力分析。如构件有破坏的危险则应进行相应的加
固，避免角部混凝土拉裂。

3）在楼板面已画线定位的墙板位置两端预先安放标高调整垫片，高度按 20mm 计算。

4）墙板就位后，通过 80cm 标高控制线检查墙板标高及水平度。标高检查可通过标高
控制线与相邻墙板或预先设定的标高控制点进行，也可以采用激光水准仪。采用激光水准仪
时，先通过引测的标高控制点确定 80cm 标高面，墙板就位后在墙板面上投射出 80cm 标高
线。当投射标高线与墙板面弹线重合时说明墙板达到设计标高且未出现面内倾斜；当投射标
高线与墙板面弹线不重合时说明墙板标高未达到设计要求或出现面内倾斜，需要将墙板重新
吊起进行标高调整。

5）进行标高调整时，应首先根据墙板的标高偏差算出所要调整的标高数值，准备好相
应的垫片；然后由楼面吊装指挥人员指挥塔吊司机将墙板缓缓吊起约 5cm 的高度，使得插
筋不脱出套筒，避免再次对中插入带来的不便；待墙板稳定后作业人员迅速将垫片放置在预
定位置；最后将墙板落下并重新检查标高。

6）标高满足设计要求后应及时安装墙板斜支撑。将支撑杆与墙板上预先安装的连接件
连接并卡紧，另一端与楼板连接件连接；撤除墙板就位辅助定位器，安装墙板下部斜支撑。

墙板稳固后，可摘除吊钩及缆风绳。

7）调整斜支撑的长度以精调墙板的水平位置及垂直度。水平位置以楼板上弹出的墙板水平位置定位线为准进行检查；垂直度通过全站仪或经纬仪进行检查，也可以用靠尺或吊锤配合钢尺进行检查。

8）墙板位置精确调整后，紧固斜支撑连接。

（8）转换层连接钢筋定位

装配式建筑在设计时存在下部结构现浇、上部结构预制的情况。在现浇与预制转换的楼层，即装配施工首层，下部现浇结构预留钢筋的定位是对装配式建筑施工质量至关重要的问题。具体操作的技术措施如下：

1）转换层连接钢筋应按高精度要求进行加工。为保证首层预制构件的就位能够顺利进行，转换层连接钢筋应做到定位准确、加工精良、无弯折、无毛刺、长度满足设计要求。

2）绑扎钢筋骨架时，应注意与首层预制构件连接的钢筋的位置。根据图纸对连接钢筋进行初步定位并画线确定，在钢筋绑扎时应注意修正连接钢筋的垂直度。

3）钢筋绑扎结束后，对钢筋骨架进行验收。一方面按照现浇结构钢筋骨架验收内容进行相应的检查与验收；另一方面检查连接钢筋的级别、直径、位置与甩出长度。

4）按现浇结构要求进行墙板模板支设，并进行转换层楼板模板支设及绑扎作业。

5）用钢筋定位器（图2-13）复核连接钢筋的位置、间距及钢筋整体是否有偏移或扭转。如有不满足设计要求的偏位或扭转，应及时进行修正。

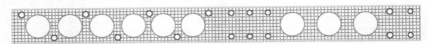

a) 钢筋定位器平面图

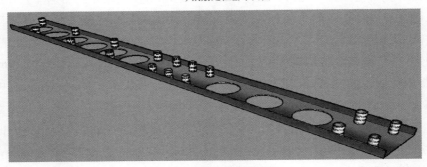

b) 钢筋定位器效果图

图2-13　钢筋定位器

钢筋定位器采用与预制墙体等长、等宽钢板制成，按照首层预制墙体底面套筒位置与直径在钢板上开孔，其加工精度应达到预制墙板底面模板精度。在套筒开孔位置之外，应另行开直径较大孔洞，一方面可以供振捣棒插入进行混凝土振捣，另一方面可以减轻定位器重量，方便操作。钢板厚度及开孔数量、大小应保证定位器不发生变形，避免导致定位器失效，一般情况下钢板厚度可取6mm、孔洞直径可取100mm。

6）连接钢筋位置检查合格后应由项目总工程师、质量负责人、生产负责人等验收签字，之后方可进行现浇混凝土作业。

7）浇筑混凝土后应及时再次用钢筋定位器对连接钢筋位置进行检测。应将定位器与模板限位装置进行有效连接，将定位器边界按照首层预制构件边界进行固定，及时调整连接钢筋的位置与角度。在振捣混凝土时应注意避免碰撞连接钢筋，减少对连接钢筋及定位器的扰动。

8）当发现定位器发生变形时，应及时进行更换，采用备用定位器进行钢筋的检查与纠正。

当转换层连接钢筋有附加定位钢筋的时候，应特别注意其加工及绑扎定位。附加定位钢筋的加工长度应严格按照设计要求确定，其端头应按照连接钢筋方式处理，做到无弯折、无毛刺。

（9）灌浆施工

1）当灌浆仓长度大于 1.5m 时，应对灌浆仓进行分仓，分仓使用坐浆料或者高强砂浆。

2）测量并计算需灌注接头数量或灌浆空间的体积，计算灌浆料的用量（按 $2.1t/m^3$ 计算）。加水量必须严格根据随产品提供的出厂检测报告计算得出（报告给出数据为水料比，如水料比为 10.6%，即 10kg 干料加入 1.06kg 水）。拌合用水必须称量后加入，精确至 0.01kg。

3）拌合用水应符合《混凝土用水标准》（JGJ 63—2006）的规定。

4）搅拌机、灌浆泵就位后，首先将全部拌合用水加入搅拌桶中，然后加入约 70% 的灌浆干粉料，搅拌至大致均匀（1～2min），最后将剩余干料全部加入，再搅拌 3～4min 至浆体均匀。搅拌均匀后，静置 2～3min 排气，然后注入灌浆泵（或灌浆枪）中进行灌浆作业。

5）灌浆时，一旦套筒的排浆孔溢出砂浆应立即封堵灌浆孔和排浆孔。

6）多个接头连通灌浆时，依接头灌浆或排浆孔溢出砂浆的顺序，依次将溢出砂浆的排浆孔用专用堵塞塞住，待所有套筒排浆孔均有砂浆溢出时，停止灌浆，并将灌浆孔封堵。

7）灌浆完毕，立即用水清洗搅拌机、灌浆泵（或灌浆枪）和灌浆管等器具。

2.3.4　外墙挂板施工技术

预制挂板工艺有先挂法与后挂法之分。

先挂法是在主体结构施工之前将预制挂板吊装到位并精确调节、稳固支撑后进行现浇结构施工，结构成型后挂板通过预留钢筋与现浇主体结构连接。

后挂法是在主体结构完成之后将预制挂板吊装到位并进行连接，主要采用焊接、螺栓等干式连接方式与主体结构连接。

当采用先挂法时应将挂板进行精确定位与稳固支撑后进行现浇结构的钢筋绑扎、模板支设等工作，待现浇混凝土达到设计强度要求时可拆除临时支撑组件；采用后挂法时，先将挂板进行精确定位与稳固支撑后进行永久固定连接件的施工，然后可拆除临时固定组件。

预制挂板属于外围护结构，不参与结构的整体受力，其与结构的连接主要通过预留钢筋或埋件的形式与梁、柱结合，连接节点应具有一定的柔性。

预制挂板构件安装流程为：熟悉设计图→核对编号→吊具安装→预制外挂墙板吊运及就位→安装及校正→预制外挂墙板与现浇结构节点连接→混凝土浇筑→预制外挂墙板间拼缝防水处理。

2.4 装配式混凝土结构构件制作

 知识要点

1. 装配式混凝土结构构件的定义和分类。
2. 混凝土构件生产的基本要求。
3. 混凝土结构构件生产工艺。

 能力目标

1. 掌握装配式混凝土结构构件的概念。
2. 掌握混凝土构件生产的基本要求。
3. 了解目前混凝土构件的生产工艺。
4. 混凝土构件生产基本要求。

2.4.1 混凝土构件生产基本要求

预制构件生产质量直接影响整体装配式建筑建造质量，当前全国各地区相关标准逐步趋于统一，装配式建筑预制构件在生产过程中应符合国家及行业相关标准的基本要求。

1）构件浇筑成型前，模具、脱模剂涂刷（图2-14）、钢筋骨架质量、保护层控制措施、预埋管道及线盒、配件和埋件、吊环等应进行隐蔽验收，符合有关标准规定和设计文件要求后方可浇筑混凝土。

2）混凝土浇筑时的投料高度应小于500mm。

3）混凝土振捣宜采用插入式振动器振捣或工厂自动化振动台振捣（图2-15）。

图2-14 台模涂刷脱模剂　　　　　　　图2-15 振动台振捣

4）混凝土浇筑应连续进行，浇筑过程中应观察模具、门窗框、预埋件等是否有变形和位移，如有异常应及时采取补救措施。

5）配件、预埋件、门窗框处混凝土应浇捣密实，其外露部分应有防污染措施。

6）预制构件混凝土浇筑完毕后应及时养护。台模内混凝土浇筑振捣采用堵漏插件，以减少漏浆量。

7）当采用蒸汽养护时（图 2-16）应符合下列要求：

① 静停时间为混凝土全部浇捣完毕后不宜小于 2h。

② 升温速度不得大于 25℃/h。

③ 恒温时最高温度不宜超过 70℃，恒温时间不宜小于 3h。

④ 降温速度不宜大于 15℃/h，构件脱模后其表面与外界环境温差不宜大于 20℃。

图 2-16　入养护塔蒸养

8）带饰面的预制构件宜采用反打成型，也可采用后贴工艺制作。面砖背面宜带有燕尾槽，石材背面应做涂覆防水处理。

9）对带保温材料的预制构件宜采用水平浇筑方式成型，保温材料宜在混凝土成型过程中放置固定。

10）带门窗框、预埋管线的预制构件，其制作应符合下列规定：

① 窗框、预埋管线应在浇筑混凝土前预先放置并固定，固定时应采取防止窗框破坏及污染窗体表面的保护措施。

② 当采用铝窗框时，应采取避免铝窗框与混凝土直接接触发生电化学腐蚀的措施。

③ 应采取措施控制温度或受力变形对门窗产生的不利影响。

11）预制构件与现浇结构的结合面应采取拉毛或凿毛处理（图 2-17），也可采用露骨料粗糙面。

图 2-17　拉毛（叠合板）

2.4.2 混凝土构件生产工艺

1. 铝合金窗墙一体化产品生产工艺

（1）工艺流程

加工窗模→组合窗模窗框→铺设保温板→放钢筋笼→支侧模→放套筒等附属部件→浇筑混凝土。

（2）操作工艺

1）根据窗框尺寸使用 5～8mm 钢板分别制作两个窗模板，窗框高度、外包尺寸应根据设计要求加工。

2）加工前首先将窗框外侧边保护膜清除，使侧边凹槽外露，同时注意保留窗框表面保护膜。将窗框下模板放置在台模上，校准位置并固定，窗框放置在窗模板上（图2-18），窗框四周距侧边 0.5cm 处四周粘贴 1cm 宽双面胶条（起到保护窗框以及防止混凝土浆渗漏的目的），使框架与双面胶条贴合紧密。底部框架放置完成后依照同样原理在窗框上边放置上部窗模板，最后用螺杆和压条固定窗框。

图 2-18　组合窗模窗框

3）在窗框固定完毕后，再次校准窗框位置。按照施工工艺要求，在窗框与外界接触侧壁放置保温板，紧贴窗框；窗框处断桥应铺设保温，其中窗框洞口上部按要求加设滴水线，下部保温板按要求裁设高差泄水坡度。

4）铺设外墙保温板，放置钢筋网片，支设墙板构件侧模及顶模，焊接埋件、套筒等附属部件。同时在此类工序中，应确保窗框外露保护膜完整，不得出现破损、撕毁等情况，以防浇筑混凝土时，水泥浆等污染物溅到窗框上，使窗框受损。

（3）质量要求

1）铝合金窗框的材质应符合现行行业标准，并具有相关检测资料及进场复检报告。

2）窗框模板材质厚度应不小于5mm，避免混凝土浇筑时产生形变。

3）铝合金窗应具有足够的刚度、承载能力和一定的变形能力。

4）铝合金型材牌号、截面尺寸应符合门窗设计要求。

5）铝合金门窗工程验收应符合《建筑工程施工质量验收统一标准》（GB 50300—2013）、《建筑装饰装修工程质量验收标准》（GB 50210—2018）及《建筑节能工程施工质量验收标准》（GB 50411—2019）的有关规定。

2. 外墙保温一体化产品生产工艺

《装配式混凝土结构技术规程》第4.3.2条规定，夹心外墙板中的保温材料，其导热系数不宜大于 0.040W/(m·K)，体积比吸水率不宜大于 0.3%，燃烧性能不宜低于《建筑材料及制品燃烧性能分级》（GB 8624—2012）中 A 级的要求。保温板和保温连接件如图 2-19 所示。

（1）工艺流程

清理台模→支模→铺设保温板→安装钢筋笼→浇筑混凝土→构件起吊→抹面层施工。

（2）操作工艺

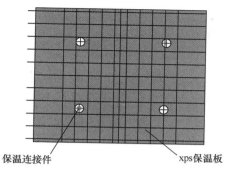

保温连接件　　　　　　xps保温板

图 2-19　保温板和保温连接件

1）根据墙板构件图纸，应预先将外墙图纸送至保温板加工区域，由制作人员画出外墙尺寸并标注需要铺设保温板的区域。根据铺设面积及保温板尺寸，确定需要的保温板数量。

2）在保温板铺设区域内排布保温板。排布保温板时，接缝不平处应用粗砂纸进行打磨。打磨动作宜为轻柔的圆周运动，不要沿着保温板接缝平整的方向打磨。打磨后应用刷子或压缩空气将打磨产生的碎屑、浮灰清理干净。

3）保温板应竖缝逐行错缝，墙角处应交错互锁。有门窗洞口的，应放置 30mm×70mm 的保温条，起到隔热断桥作用，且门窗洞口四角保温板不得拼接，应采用整块板切割成形，且接缝应离开角部至少 200mm。

4）保温板在加工区域内排布完成后，应进行检查，确定无误。然后在保温板上用记号笔编号，以方便在台模上铺设。编号完成后，按构件编号整理，并送至流水线保温板放置区域内。

5）外墙底模支模，清理模板内保温板铺设区域内垃圾、油污、脱模剂等可能污染保温板的异物。

6）按顺序铺设保温板，保温板铺设应保证平整，无损坏。铺设保温板时应在保温板中锚上保温锚钉，锚钉数量不应少于 7 个/m²，不宜多于 10 个/m²，且应均匀排布在保温层中（保温锚钉间距应小于 400mm）。具体排布应根据实际保温板的排布方式确定。保温板铺设完成后，铺设钢筋笼，侧模和顶模支模。

7）构件平运成品保护。在构件上下垫置木方的区域不排布保温板，预留尺寸 200mm×200mm。构件必须达到其拆模强度才允许拆模，且必须采用专用拆模工具。构件起吊、运输过程中应缓慢、平稳，不得出现碰撞。构件四角宜用专用角条包裹。木方应垫置在指定的预留区域内，不得随意垫置，以防损坏保温层。构件出场前应定期检查，确保饰面层无污染、无空鼓等现象，确保保温层无损伤。

8）构件竖向运输成品保护。构件保温板应满铺外保温区域，构件吊运至竖向运输架时，应注意外保温面朝外，且必须确保构件固定在架子上后才能去除吊钩。构件出场前应定期检查，确保饰面层无污染、无空鼓等现象，确保保温层无损伤。

（3）质量要求

1）外保温系统及主要组成材料性能应符合国家现行标准。

2）保温板厚度应符合设计要求。

3）保温板在施工过程中应确保表面无油污、无脚印等污染物。

4）混凝土浇筑应充分振捣密实。

5）保温锚钉排布应均匀且纵横向间距不应大于400mm。

6）保温板排布应纵向逐行错缝，墙角处应交错互锁。

7）保温板排布应紧凑，板与板之间不得有空隙、不得有漏浆现象。

8）抹面层表面平整度允许误差1mm，立面垂直度允许误差1mm，阳角、阴角方正。

3. 外墙饰面产品生产工艺

（1）仿石饰面产品（图2-20）生产工艺

1）工艺流程：

固定模具→刷脱模剂→布设抗裂网片→浇筑混凝土→混凝土养护→拆除模具→喷涂底漆→分割线处理→喷仿石漆→喷保护漆。

2）操作工艺：

① 浇筑混凝土的同时制作三个立方体试块同条件下养护，待养护至混凝土强度的70%时，拆除模具，并清理构件表面。

② 在构件需要做仿石饰面层的一面，喷涂一层巴厝白底漆，并用墨斗弹出10mm的分割线，在割线上涂上黑色原子灰，构件静置一段时间，待底漆凝固，用10mm的防水胶带贴在分割线上。

③ 按比例调制仿石漆，并用专用喷枪喷涂在巴厝白底漆上，喷涂应按照从上到下、从左到右的顺序进行。喷灌压力应控制在1MPa，以保证喷涂均匀。

④ 待仿石漆喷涂完毕，方可拆除防水胶带。待仿石漆凝固，在其表面喷涂一层透明保护漆。

（2）镜面清水混凝土产品（图2-21）生产工艺

图2-20　仿石饰面产品　　　　　图2-21　镜面清水混凝土产品

1）工艺流程：

剪裁纳米板做底模→固定侧模→刷脱模剂→配细混凝土→除去纳米板保护层→浇筑混凝土→养护→拆模。

2）操作工艺：

① 混凝土的搅拌：经试配选择出较优配合比，严格按配合比配制细石混凝土，控制混凝土坍落度。

② 有机纳米板的保护层需在浇筑混凝土时去除，不可提前去除，防止刮花纳米板表面。

③ 保证构件有充足的养护时间，不应低于 3d，否则会影响镜面效果。

④ 构件拆模后，应将其置于不易污染的地方，严禁触摸构件的表面。待镜面效果完全显现，在其表面覆盖薄膜进行保护。

3）质量要求：

① 构件表面平整、光滑、色泽一致。

② 无蜂窝、麻面、露筋及气泡等现象。

③ 模板拼缝有规律。

（3）预制构件石材（或饰面砖，见图 2-22）倒模反打生产工艺

1）工艺流程：

模板安装→排列石材（或饰面砖）→打封闭胶→刷脱模剂→硅胶浇筑→取出硅胶→铺设硅胶倒模→刷脱模剂→浇筑混凝土→构件起模→清理构件→喷漆。

2）操作工艺：

① 在模板内试排列石材（或饰面砖），根据

图 2-22　饰面砖铺设

铺设要求划分切割，将切割好的石材（或饰面砖）编号。根据编号，在模板内铺设石材（或饰面砖），石材（或饰面砖）背面和接缝处打上中性硅酮密封胶。

② 待中性硅酮封闭胶凝固，刷脱模剂。

③ 将硅胶倒模铺设于模板内，硅胶与模板间的缝隙应用硅酮密封胶嵌缝。

3）质量要求：

① 根据要求排列石材（饰面砖），饰面砖的横竖宽度要一致。

② 硅胶配制要搅拌均匀，防止硅胶局部无法凝固或凝固时间变长。硅胶配制、浇筑过程应尽可能短，防止硅胶凝固。

（4）预制构件石材直接打生产工艺

1）工艺流程：

石材加工→打孔→安装八字卡→固定模具→石材铺设→放钢筋笼→混凝土浇筑→构件起模。

2）操作工艺：

① 根据图纸放出石材打孔位置，用干挂背栓钻孔机打孔，倾角 45°，孔深 18mm。

② 安装八字卡后，需对安装孔涂抹大理石膏。

③ 将挂板的外模板安装在台模上，在底模上预铺一层塑料薄膜。按图纸要求将加工好

的石材摆放在挂板模具内，先摆放底部石材，横缝6mm、竖缝2mm，用事先准备的铁片进行控制；再摆放竖向石材，暂时用U形钢筋固定，并辅助横撑。在调整好石材的横竖缝大小、垂直度及水平度后，用大理石膏将废弃的面砖或石材粘贴在接缝处，对石材进行固定。

④ 石材固定好后，用中性硅酮密封胶嵌缝。对于6mm横缝，先嵌入海绵条再用中性硅酮密封胶嵌缝。

⑤ 撕掉周边的薄膜，并用5cm宽的透明胶带将侧模与石材顶部黏结固定。撤去U形钢筋及横撑等临时固定件。

⑥ 石材铺设工序验收合格后，方可放入钢筋笼。根据图纸要求调整钢筋笼位置，并安装预埋件和套筒。

⑦ 钢筋笼及预埋件验收合格后方可浇筑混凝土。先安装挂板模具的端头模，预先浇筑一层5cm厚混凝土，再安装内模，完成混凝土浇筑。

⑧ 混凝土浇筑完毕后，为缩短挂板的养护时间，采用蒸汽养护，待达到起模强度后，拆除挂板模具，构件起模。

3) 质量要求：

① 石材摆放时，需严格控制石材的平整度与垂直度，缝宽要一致。

② 为了现场的安装方便，预埋件的安装精度要控制在 ±1mm 以内。预埋件须验收合格后才能浇筑混凝土。

③ 严格控制混凝土保护层厚度，在混凝土振捣时，要防止损坏石材。

④ 在挂板起模时，要控制桁架式起重机（简称桁吊）的起吊速度，严禁猛然加减速，尽量保持匀速。

⑤ 除了石材外表面，其他五个面均需防碱背涂。

4. 混凝土压光产品生产工艺

（1）工艺流程

混凝土浇筑振捣→墙板上表面平仓→构件预养护→第一遍压光抹面→养护仓养护→构件出仓→二次抹面收光→构件养护。

（2）工艺操作标准

1) 墙板构件在验收合格后浇筑混凝土，并振捣密实。

2) 对构件上表面进行平仓处理，用刮尺初步刮平表面，再用木抹子打平压实。

3) 构件送入预养护间进行预养护，以加快混凝土初凝速度。

4) 构件在预养护达到初凝后，对构件进行第一遍压光抹面。压光作业时，从一侧开始，从前往后倒退作业。同时，清理出表面注浆管管口，并用橡胶塞封堵管口；安放墙板上表面预埋支撑点及预埋件，并检查验收合格。

5) 构件送入养护仓养护，以加快混凝土初凝速度。

6) 混凝土终凝前，构件出仓，进行第二次压光、收光（图2-23），作业顺序同第一次压光作业。同时，拔去注浆管管口橡胶塞，对该部位压光处理。清理出支撑点内填充物和预埋件上表面附着木板。

7）构件表面覆盖塑料薄膜，送入养护仓养护。

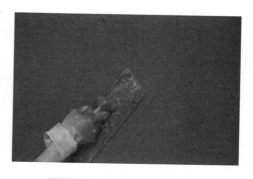

图 2-23　墙板表面抹面收光

（3）质量品质标准

1）墙板表观质量平整光滑无空隙，无铁板纹路。

2）墙板表面平整度≤3mm。

3）注浆管口周围处理光滑，管口内无混凝土残留。

4）预埋支撑点内及预埋件上表面无混凝土等杂物残留。

2.5　装配式混凝土结构质量控制与验收

知识要点

1. 装配式混凝土结构质量标准。
2. 装配式混凝土结构验收要求。

能力目标

1. 掌握装配式混凝土结构质量标准和规范。
2. 了解装配式混凝土结构的各类验收项目。
3. 了解装配式混凝土结构的验收流程。

2.5.1　质量控制

1. 基本规定

装配式混凝土结构施工除了要遵循一般建筑工程的建设要求，工程参建各责任主体，以及施工图审查、预制构件生产、工程质量检测等单位，还应当建立健全质量保证体系，落实工程质量终身责任，依法对工程质量负责。

2. 质量责任

（1）建设单位

1）应当将施工图设计文件委托施工图审查机构进行审查。不得擅自变更经审查的施工图设计文件；确需变更的，应当按规定程序办理设计变更手续；涉及结构安全、使用功能、装配率变化等方面的重大变更，应当委托原施工图审查机构重新审查。

2）建设单位应将预制混凝土构件生产环节的监理工作纳入监理合同范围。

3）应建立预制混凝土构件生产首件验收和现场安装首段验收制度。预制混凝土构件生产企业生产的同类型首个预制构件，建设单位应组织设计单位、施工单位、监理单位、预制混凝土构件生产企业进行验收，合格后方可进行批量生产。施工单位首个施工段各类预制构件安装和后浇区钢筋绑扎完成后，建设单位应组织设计单位、施工单位、监理单位进行验收，合格后方可进行后续施工。

（2）设计单位

1）应当就审查合格的施工图设计文件向构件生产企业、施工单位进行设计交底。

2）应当对预制构件生产企业出具的构件制作深化设计详图进行审核认定。

3）应参加首层装配结构与其下部现浇结构之间节点连接部位验收，以及装配式混凝土结构子分部工程质量验收。

（3）施工单位

1）应做好对施工操作人员岗前培训工作，并经企业内部考核后上岗。

2）应当建立健全预制构件施工安装过程质量检验制度。

3）会同预制构件生产企业、监理单位对进入施工现场的预制构件质量进行验收。验收内容应当包含构件生产全过程质量控制资料、构件成品质量合格证明文件、外观质量（包括合格标识）、构件结构性能或结构实体检验等。未经进场验收或进场验收不合格的预制构件，严禁使用。

4）对预制构件连接灌浆作业进行全过程质量管控，并形成可追溯的文档记录资料及影像记录资料。

5）对预制构件施工安装过程的隐蔽工程和检验批进行自检、评定，合格后通知工程监理单位进行验收。隐蔽工程和检验批未经验收或者验收不合格，不得进入下道工序施工。

（4）监理单位

预制构件生产实施驻场监理时，监理单位要按审批后的驻场监理实施细则切实履行相关监理职责，实施原材料验收、检测，以及隐蔽工程验收和检验批验收，编制驻场监理评估报告。

应当按下列要求对预制构件的施工安装过程进行监理：

1）组织施工单位、构件生产企业对进入施工现场的预制构件进行质量验收。验收内容应当包含构件生产全过程质量控制资料、构件成品质量合格证明文件、外观质量（包括合格标识）、结构实体检验等。未经进场验收或进场验收不合格的预制构件，严禁使用。

2）核查施工管理人员、预制构件连接灌浆等作业人员的培训情况，对首层装配结构与其下部现浇结构连接、预制构件连接灌浆、外围护预制构件密封防水等关键工序、关键部位实施旁站监理。

3）对预制构件施工安装过程的隐蔽工程和检验批进行质量验收。

（5）预制构件生产单位

1）生产单位应根据审查合格的施工图设计文件进行预制构件的加工图设计，并须经原施工图设计单位审核确认。

2）生产单位应按工程项目编制预制构件生产方案，明确质量保证措施，按规定履行审批手续后实施。

3）生产单位应加强预制构件生产过程中的质量控制，并根据相关规范及标准的规定加强原材料、混凝土强度、连接件、构件性能等的检验。

4）生产单位应对检查合格的预制构件进行标识，标识不全的构件不得出厂。出厂的构件应提供完整的构件质量证明文件。

5）生产单位应积极配合监理单位开展相关监理工作。

（6）质量监督部门

1）对建设、设计、施工、监理单位，预制构件生产、工程质量检测等单位的质量行为进行抽查。

2）对预制构件的原材料、混凝土制备、制作成型过程、成品实物质量及相关质量控制资料进行抽查、抽测。

3）对预制构件生产、安装、后浇混凝土施工过程中关键工序、关键部位的实体质量及相关质量控制资料进行抽查、抽测。

4）对发现的违法违规行为和违反强制性标准的问题，下达限期整改通知书或暂时停工（停产）整改通知书。

5）对依法应当实施行政处罚的，向市建设局提出行政处罚建议。

2.5.2　装配式混凝土整体验收要求

装配式混凝土结构施工验收应严格按照相关标准执行。

1. 一般规定

装配式混凝土结构验收时，除应按《混凝土结构工程施工质量验收规范》（GB 50204—2015）的要求提供文件和记录外，尚应提供下列文件和记录：

1）工程设计文件，预制构件制作和安装的深化设计图。

2）预制构件、主要材料及配件的质量证明文件、进场验收记录、抽样复验报告。

3）预制构件安装的施工记录。

4）钢筋套筒灌浆、浆锚搭接连接的施工检验记录。

5）后浇混凝土、灌浆料、坐浆材料的强度检测报告。

6）外墙防水施工的质量检验记录。

7）装配式结构分项工程的质量验收文件。

8）装配式工程的重大质量问题处理方案和验收记录。

9）装配式工程的其他文件和记录。

2. 主控项目

1）后浇混凝土强度应符合设计要求。

检查数量：按批检验，检验批应符合《装配式混凝土结构技术规程》（JGJ 1—2014）中第12.3.7条相关规定：

① 预制构件结合面疏松部分的混凝土应剔除并清理干净。

② 模板应保证后浇混凝土部分形状、尺寸和位置准确，并应防止漏浆。

③ 在浇筑混凝土前应洒水湿润结合面，混凝土应振捣密实。

④ 同一配合比的混凝土，每工作班且建筑面积不超过 $1000m^2$；应制作 1 组标准养护试件，同一楼层应制作不少于 3 组标准养护试件。

检验方法：按《混凝土强度检验评定标准》（GB/T 50107—2010）的要求进行。

2）钢筋套筒灌浆连接及浆锚搭接连接的灌浆应密实饱满。

检查数量：全数检查。

检验方法：检查灌浆施工质量检查记录。

3）钢筋套筒灌浆连接及浆锚搭接连接用的灌浆料强度应满足设计要求。

检查数量：按批检验，以每层为一检验批；每工作班应制作 1 组且每层不应少于 3 组 $40mm \times 40mm \times 160mm$ 的长方体试件，标准养护28d 后进行抗压强度试验。

检验方法：检查灌浆料强度试验报告及评定记录。

4）剪力墙底部接缝坐浆强度应满足设计要求。

检查数量：按批检验，以每层为一检验批，每工作班应制作 1 组且每层不应少于 3 组边长为70.7mm 的立方体试件，标准养护28d 后进行抗压强度试验。

检验方法：检查坐浆材料强度试验报告及评定记录。

3. 一般项目

1）装配式结构尺寸允许偏差应符合设计要求，并应符合表 2-5 中的规定。

表 2-5 装配式结构尺寸允许偏差及检验方法

项　　目			允许偏差/mm	检验方法
构件中心线对轴线位置	基础		15	尺量检查
	竖向构件（柱、墙、桁架）		10	
	水平构件（梁、板）		5	
构件标高	梁、柱、墙、板底面或顶面		±5	水准仪或尺量检查
构件垂直度	柱、墙	<5m	5	经纬仪或全站仪检查
		≥5m 且 <10m	10	
		≥10m	20	
构件倾斜度	梁、桁架		5	垂线、钢尺量测
相邻构件平整度	板端面		5	钢尺、塞尺量测
	梁、板底面	抹灰	5	
		不抹灰	3	
	柱、墙侧面	外露	5	
		不外露	10	
构件搁置长度	梁、板		±10	尺量检查
支座、支垫中心位置	板、梁、柱、墙、桁架		10	尺量检查
墙板接缝	宽度		±5	尺量检查
	中心线位置			

检查数量：按楼层、结构缝或施工段划分检验批。在同一检验批内，对梁、柱，应检查构件数量的10%，且不少于3件；对墙和板，应按有代表性的自然间抽查10%，且不少于3间；对大空间结构，墙可按相邻轴线间高度5m左右划分检验面，板可按纵、横轴线划分检验面，且均不少于3面。

2）外墙板接缝的防水性能应符合设计要求。

检查数量：按批检验，每1000m²外墙面积应划分为一个检验批，不足1000m²时也应划分为一个检验批；每个检验批每100m²应至少抽查1处，每处不得少于10m²。

检查方法：检查现场淋水试验报告。

2.5.3 具体验收项目

1. 钢筋套筒

《钢筋套筒灌浆连接应用技术规程（2023年版）》（JGJ 355—2015）第3.1.1条规定：套筒灌浆连接的钢筋直径不宜小于12mm，且不宜大于40mm。

《钢筋套筒灌浆连接应用技术规程》第3.1.2条规定：灌浆套筒灌浆端最小内径与连接钢筋公称直径的差值，12~25mm的钢筋不小于10mm，28~40mm的钢筋不小于15mm。用于钢筋锚固的深度不宜小于插入钢筋公称直径的8倍。

采用套筒灌浆连接的混凝土构件，接头连接钢筋的直径规格不应大于灌浆套筒规定的连接钢筋直径规格，且不宜小于灌浆套筒规定的连接钢筋直径规格一级以上。

灌浆套筒的直径规格对应了连接钢筋的直径规格，在套筒产品说明书中均有注明。工程不得采用直径规格小于连接钢筋的套筒，但可采用直径规格大于连接钢筋的套筒，但相差不宜大于一级。

混凝土构件中灌浆套筒的净距不应小于25mm。

混凝土构件的灌浆套筒长度范围内，预制混凝土柱箍筋的混凝土保护层厚度不应小于20mm，预制混凝土墙最外层钢筋的保护层厚度不应小于15mm。

钢筋套筒灌浆连接接头的抗拉强度不应小于连接钢筋抗拉强度标准值，且破坏时应断于接头外钢筋（图2-24）。

2. 灌浆料

钢筋连接用套筒灌浆料是以水泥为基本材料，并配以细骨料、外加剂及其他材料混合而成的用于钢筋套筒灌浆连接的干混料，简称灌浆料。灌浆料加水搅拌后，具有良好的流动性、早强、高强及微膨胀等性能。

《装配式结构工程施工质量验收规程》（DB32/T 4301—2022）第5.1.5条规定：钢筋预制混凝土构件钢筋浆锚连接用的灌浆料进场后应进行抽样检测，检测参数为抗压强度、竖向膨胀率，按《水泥基灌浆材料应用技术规范》（GB/T 50448—2015）的规定进行检验，检验结果应满足设计要求。

图2-24 钢筋套筒灌浆连接接头

《钢筋连接用套筒灌浆料》（JG/T 408—2019）第5.2条规定，套筒灌浆料的性能应符合表2-6的规定。

表2-6 套筒灌浆料的性能

检测项目		性能指标
流动度/mm	初始值	≥300
	30min 保留值	≥260
抗压强度/MPa	1d	≥35
	3d	≥60
	28d	≥85
竖向膨胀率（%）	3h	0.02～2
	24h 与 3h 的膨胀值之差	0.02～0.40
氯离子含量（%）		≤0.03
泌水率（%）		0

1）流动度试验应符合下列规定：

① 应采用符合《行星式水泥胶砂搅拌机》（JC/T 681—2022）要求的搅拌机拌和水泥基灌浆材料。

② 截锥圆模应符合《水泥胶砂流动度测定方法》（GB/T 2419—2005）的规定，尺寸为下口内径100mm±0.5mm，上口内径70mm±0.5mm，高60mm±0.5mm。

③ 玻璃板尺寸500mm×500mm，并应水平放置。

2）流动度试验应按下列步骤进行：

① 称取1800g水泥基灌浆材料，精确至5g；按照产品设计（说明书）要求的用水量称量好拌合用水，精确至1g。

② 湿润搅拌锅和搅拌叶，但不得有明水。将水泥基灌浆材料倒入搅拌锅中，起动搅拌机，同时加入拌合水，应在10s内加完。

③ 按水泥胶砂搅拌机的设定程序搅拌240s。

④ 湿润玻璃板和截锥圆模内壁，但不得有明水；将截锥圆模放置在玻璃板中间位置。

⑤ 将水泥基灌浆材料浆体倒入截锥圆模内，直至浆体与截锥圆模上口平；徐徐提起截锥圆模，让浆体在无扰动条件下自由流动直至停止，如图2-25所示。

⑥ 测量浆体最大扩散直径及与其垂直方向的直径，计算平均值，精确到1mm，作为流动度初始值；应在6min内完成上述搅拌和测量过程。

图2-25 套筒灌浆料流动度试验

⑦ 将玻璃板上的浆体装入搅拌锅内，并采取防止浆体水分蒸发的措施。自加水拌和起

30min 时，将搅拌锅内浆体按③～⑥步骤试验，测定结果作为流动度 30min 保留值。

3. 预制构件外伸钢筋

《装配式结构工程施工质量验收规程》第5.3.4条规定：构件留出的钢筋长度及位置应符合设计要求。

1）尺寸超出允许偏差范围且影响安装时，必须采取有效纠偏措施，严禁擅自切割钢筋。

2）检验方法：检查施工记录。

3）检查数量：全数检查。

4. 定位钢筋

钢筋套筒灌浆连接及浆锚连接接头的预留钢筋应采用专用模具进行定位（图2-26），并应符合下列规定：

1）定位钢筋中心位置存在细微偏差时，宜采用钢套管方式进行细微调整。

2）定位钢筋中心位置存在严重偏差影响预制构件安装时，应按设计单位确认的技术方案处理。

3）应采用可靠的固定措施控制连接钢筋的外露长度，以满足设计要求。

图 2-26 专用模具定位

说明：预留钢筋定位精度对预制构件的安装有重要影响。

5. 预制构件结构性能检验

根据《装配式结构工程施工质量验收规程》第5.2.2和5.2.3条，预制构件进场时，预制构件结构性能检验应符合下列规定。

1）梁板类简支受弯预制构件进场时应进行结构性能检验，并应符合下列规定：

① 结构性能检验应符合国家现行相关标准的有关规定及设计的要求，检验要求和试验方法应符合《混凝土结构工程施工质量验收规范》（GB 5024—2015）附录 B 的规定。

② 钢筋混凝土构件和允许出现裂缝的预应力混凝土构件应进行承载力、挠度和裂缝宽度检验；不允许出现裂缝的预应力混凝土构件应进行承载力、挠度和抗裂检验。

③ 对大型构件及有可靠应用经验的构件，可只进行裂缝宽度、抗裂和挠度检验。

④ 对使用数量较少的构件，当能提供可靠依据时，可不进行结构性能检验。

2）对其他预制构件，除设计有专门要求外，进场时可不做结构性能检验。

3）对进场时不做结构性能检验的预制构件，应采取下列措施：

① 施工单位或监理单位代表应驻厂监督生产过程。

② 当无驻厂监督时，预制构件进场时应对预制构件主要受力钢筋数量、规格、间距及混凝土强度、混凝土保护层厚度等进行实体检验。

③ 检验数量：不超过 1000 个同类型预制构件为一批，每批中应随机抽取构件数量的 2%且不少于 5 个构件进行实体检验。

④ 检验方法：检查抽样检验记录。

注："同类型"是指同一钢种、同一混凝土强度等级、同一生产工艺和同一结构形式。抽取预制构件时，宜从设计荷载最大、受力最不利或生产数量最多的预制构件中抽取。

4）当无施工单位或监理单位代表驻厂监督，又未对预制混凝土构件做结构性能检验时，预制混凝土构件进场后应对混凝土强度、钢筋间距、保护层厚度、钢筋直径进行抽样检测。

检测方法：混凝土强度采用无损检测方法，钢筋间距、保护层厚度、钢筋直径采用电磁感应法。

抽样数量：按《建筑工程施工质量验收统一标准》（GB 50300—2013）第3.0.9条的规定，见表2-7。

表2-7 检验批最小抽样数量

检验批的容量	最小抽样数量	检验批的容量	最小抽样数量
2 ~ 15	2	151 ~ 280	13
16 ~ 25	3	281 ~ 500	20
26 ~ 90	5	501 ~ 1200	32
91 ~ 150	8	1201 ~ 3200	50

6. 叠合板接缝

《装配式混凝土结构技术规程》（JGJ 1—2014）第6.6.5条规定，单向叠合板板侧的分离式接缝宜配置附加钢筋（图2-27），并应符合下列规定：

1）接缝处紧邻预制板顶面宜设置垂直于板缝的附加钢筋，附加钢筋伸入两侧后浇混凝土叠合层的锚固长度不应小于15d（d为附加钢筋直径）。

2）附加钢筋直径不宜小于6mm、间距不宜大于250mm。

图2-27 叠合板连接钢筋绑扎

《装配式混凝土结构技术规程》第6.6.6条规定，双向叠合板板侧的整体式接缝宜设置在叠合板的次要受力方向上且宜避开最大弯矩截面。接缝可采用后浇带形式，并应符合下列规定：

1）后浇带宽度不宜小于200mm。

2）后浇带两侧板底纵向受力钢筋可在后浇带中焊接、搭接连接、弯折锚固。

7. 叠合层上部钢筋布置

验收方法：叠合层中，顺桁架方向的钢筋在下，垂直桁架方向的钢筋在上。

依据《桁架钢筋混凝土叠合板（60mm厚底板）》（15G366—1）图集相关构造，如图2-28所示。

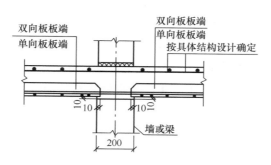

图 2-28　叠合层上部钢筋布置示意

8. 叠合层内桁架筋位置

《桁架钢筋混凝土叠合板（60mm 厚底板）》图集中钢筋桁架放置于底板钢筋上层，下弦钢筋与底板钢筋绑扎连接。看节点构造图时注意：底板最下层筋为板宽方向的分布筋，它的上面紧邻的是跨度方向的受力筋及桁架下弦钢筋。钢筋正确做法是顺桁架方向的钢筋在下侧，垂直桁架的钢筋在上侧（图 2-29）。

图 2-29　正确做法

2.5.4　工程验收

1）建设单位应组织设计单位、施工单位、监理单位及预制混凝土构件生产单位进行预制混凝土构件生产首件验收，验收合格后方可批量生产。

2）预制构件产品进场验收由施工单位组织，应当进行全数验收，并经监理单位抽检合格后方可使用；发现存在影响结构质量或吊装安全缺陷时，不得验收通过。

3）首层装配结构与其下部现浇结构连接验收由建设单位组织设计、施工、监理和预制构配件生产企业共同验收，重点对连接形式、连接质量等进行验收。

4）装配式结构子分部验收由建设单位依据《混凝土结构工程施工质量验收规范》（GB 50204—2015）、《装配式混凝土结构技术规程》（JGJ 1—2014）、《预制预应力混凝土装配整体式框架结构技术规程》（JGJ 224—2010）及《预制装配整体式剪力墙结构体系技术规程》（DB32/T 4301—2022）组织设计、施工、监理和预制构配件生产单位共同验收并形成验收意见，对规范规程中未包括的验收内容，应组织专家论证验收。

5）装配式结构子分部质量保证资料应包含以下内容：

① 建设、施工、监理、设计、预制构配件生产单位编制的有关设计文件、施工组织设计和专项施工方案、图纸会审记录、设计交底记录及审批文件。

② 主要原材料、保温拉结件、连接件、灌浆料和预制构配件生产合格证、性能检验记录、复检（复试）报告等。

③ 施工记录，含测量记录、吊装记录、安装记录、灌浆或连接记录和影像资料、监理旁站记录等。

④ 检验报告，含钢筋连接、灌浆料浆体强度、套筒灌浆连接接头抗拉强度、浆锚搭接接头力学性能及适应性检验、后浇混凝土强度、子分部实体检验等检测报告。

⑤ 验收记录，含隐蔽验收、连接构造节点、钢筋套筒灌浆或浆锚、外墙防水处理、自检、交接检、分项分部验收记录等。

6）工程重大质量事故处理方案及验收记录。

7）其他应提供的质量文件，如保温节能、防水检验等。

第**3**章
装配式钢结构

3.1 装配式钢结构概论

知识要点

1. 装配式钢结构的概念及特点。
2. 装配式钢结构的结构体系。
3. 装配式钢结构中外发展概况。

能力目标

1. 掌握装配式钢结构的概念、优势和应用场景。
2. 掌握装配式钢结构的结构体系分类。
3. 了解装配式钢结构面临的挑战和未来发展趋势。

3.1.1 装配式钢结构的结构体系

钢结构是指利用型钢或钢板制造基本构件，根据使用需求，通过焊接或螺栓连接等方式将这些基本构件按照一定规则组合成能够承受和传递荷载的结构形式。由于其工厂加工和异地安装的施工方式，钢结构具有装配式建筑的特点，与国家推广装配式建筑的政策相一致。根据承载特性，钢结构建筑的结构体系可划分为桁架结构、排架结构、刚架结构、网架结构和多高层结构等类型。

1. 桁架结构

桁架是指由杆件在杆端用铰连接而成的结构，是格构化的一种梁式结构，如图3-1所示。桁架主要由上弦杆、下弦杆和腹杆三部分组成，各杆件受力均以单向拉、压为主，通过对上下弦杆和腹杆的合理布置，可适应结构内部的弯矩和剪力分布。桁架分为平面桁架和空间桁架。其中，平面桁架根据外形，可分为三角形桁架、平行弦桁架、折弦桁架等。平面桁架常用于房屋建筑的屋盖承重结构，此时称之为屋架。

2. 排架结构

排架结构是指由梁（或桁架）与柱铰接、柱与基础刚接的结构形式，一般采用钢筋混凝土柱，多用于工业厂房，如图 3-2 所示。

3. 刚架结构

门式刚架的杆件部分或全部采用刚结点连接而成，是钢架结构中最常见的一种结构形式，如图 3-3 所示。门式刚架按跨数分为

图 3-1　桁架结构

单跨、双跨、多跨、带挑檐或毗屋等；按起坡情形分为单脊单坡、单脊多坡及多脊多坡等。门式刚架结构开间大，柱网布置灵活，广泛应用于各类工业厂房、仓库、体育馆等公共建筑。

图 3-2　排架结构

图 3-3　门式刚架

4. 网架结构

网架结构是指由多根杆件按照一定的网格形式通过节点连接而成的空间结构，具有用钢量较少、空间刚度较大、整体性好、易于标准化生产和现场拆装的优势，适用于车站、机场、体育场馆、影剧院等大跨度公共建筑，如图 3-4 所示。网架结构可分为单层网架、双层网架和三层网架，其中双层网架较为常见；单层网架适用于较小跨度（不超过30m）的情况，三层网架则适用于大跨度（超过100m）的情况，不过在国内应用相对

图 3-4　网架结构

较少。现阶段，网架结构可按其组成方式分为：交叉桁架体系网架、三角锥体系网架、四角锥体系网架和六角锥体系网架四类，这种分类方法在国内较为流行。

5. 多高层结构

（1）框架结构

框架结构由梁和柱组成，用于承受竖向和侧向力，如图 3-5 所示。一般可分为：柱 – 支撑体系、纯框架体系和框架 – 支撑体系三种基本结构体系。在实际工程中，较多采用框架 – 支撑体系。该体系采用纯钢框架作为建筑的横向支撑，同时布置适量的竖向柱间支撑，增强纵向刚度，降低用钢量。相比于纯框架体系，框架 – 支撑体系因有柱间支撑，更适合于功能布局，如人流、物流等。

（2）框架剪力墙结构

框架剪力墙结构是在框架结构的基础上加入剪力墙以抵抗侧向力，如图 3-6 所示。剪力墙一般采用钢筋混凝土或钢 – 钢筋混凝土。框架剪力墙结构比框架结构具有更好的抗侧刚度，适用于高层建筑。

图 3-5　框架结构

图 3-6　框架剪力墙结构

（3）框筒结构

框筒结构通常由钢筋混凝土核心筒和外围钢框架组成，如图 3-7 所示。核心筒由四片以上的钢筋混凝土墙体围成，形状为方形、矩形或多边形，内部设置一定数量的纵、横向钢筋混凝土隔墙。在高层建筑中，核心筒墙体内还可以设置一定数量的型钢骨架。外围钢框架由钢柱和钢梁刚性连接而成。该结构体系主要依靠核心筒来抵抗建筑的侧向变形，因此是高层建筑中应用最广泛的结构形式。

图 3-7　框筒结构

（4）新型装配式钢结构体系

在政府对装配式建筑的大力支持下，业界已经在新型装配式钢结构体系的研究和应用方面取得了显著进展。这些包括装配式钢管混凝土结构体系、结构模块化新型建筑体系（包括构件模块化可建模式和模块化结构模式）、钢管混凝土组合异形柱框架支撑体系、整体式空间钢网格盒子结构体系、钢管束组合剪力墙结构体系及箱形钢板剪力墙结构体系等。

3.1.2 装配式钢结构的发展概况

现今，建筑行业的发展呈现出转型升级和现代化发展的趋势，这要求人们对建筑生产的认识也必须跟随变化，其中一个重要的变化是建筑可以实现工厂化生产，即装配式建筑。特别是在住宅产业方面，采用装配式钢结构已经成为我国住宅业发展的必然趋势，这将为我国经济增长带来新的动力。

装配式钢结构住宅体系易于工业化、标准化制作，并且可以搭配节能环保的墙体材料，这些材料具备可再生、重复利用的特点，符合可持续发展的战略目标。因此，推广应用装配式钢结构住宅将极大地促进住宅产业的快速发展，提升我国住宅产业水平，带动整个住宅施工行业的革新。

目前，推广装配式钢结构住宅已经具备了有利的条件，包括物质基础、技术支持和政策保障。首先，在物质基础方面，国内钢铁产业发展迅猛，生产的轧制 H 型钢、冷弯薄壁型钢、高频焊接矩形截面型钢等，质量得到显著提升，并已实现规模化生产。同时，国内建筑材料技术也取得了长足进步。其次，技术条件方面，一些大型钢结构企业积极推动建筑工业化进程，与高校开展合作研究，推动装配式钢结构建筑技术不断创新。最后，政策支持方面，我国自 1999 年起就开始将住宅产业化纳入议事日程，并提出了一系列发展目标和时间表。这些政策为推广应用装配式钢结构住宅提供了坚实的政策支持。总的来说，推广应用装配式钢结构住宅对于我国住宅产业化和建筑工业化的发展具有重要意义，有利于提升住宅建筑质量，推动经济增长，实现可持续发展目标。

1. 装配式钢结构工程的定义

装配式钢结构工程是指建筑的结构系统由钢（构）件构成的装配式建筑。钢结构是天然的装配式结构，但并非所有的钢结构建筑都是装配式建筑，尤其是算不上好的装配式建筑。那么什么样的钢结构建筑才能算得上是好的装配式建筑呢？只有钢结构、围护系统、设备与管线系统和内装系统做到和谐统一，才能算得上是好的装配式钢结构建筑。

装配式钢结构采用钢材作为构件的主要材料，外加楼板和墙板及楼梯组装成建筑。装配式钢结构建筑又分为全钢（型钢）结构和轻钢结构。全钢结构的承重构件采用型钢，可以有较大的承载力，可以装配高层建筑。轻钢结构以薄壁钢材作为构件的主要材料，内嵌轻质墙板，一般装配多层建筑或小型别墅建筑。

（1）全钢结构

全钢（型钢）结构的截面通常较大，因此具有较高的承载能力，可以采用工字形、L 形或 T 形等不同截面形式的型钢。全钢结构的制造流程主要包括以下两个步骤：根据结构设计的要求，在专用的生产线上制造钢构件，如柱、梁和楼梯等；将这些构件运送到施工现场，进行现场装配，构件的连接方式有螺栓连接和焊接连接。

（2）轻钢结构

轻钢结构通常采用截面较小的轻质冷弯薄壁 C 型钢。C 型钢的宽度根据结构设计确定。轻质 C 型钢的截面小、壁较薄，常在槽内安装轻质板材作为整体板材，施工时进行整体装配。由于轻质 C 型钢承载能力较小，一般用于多层建筑或别墅建筑。轻钢结构采用螺栓连接，施工迅速，工期短，易于拆卸，因此市场前景较为乐观。

2. 装配式钢结构与传统钢结构的区别

装配式建筑从系统功能上，可分为主体结构体系、外围护系统、内装系统和设备管线系统等四大系统。装配式建筑以标准化设计、工厂化生产、装配化施工、一体化装修、信息化管理和智能化应用为六大典型特征。当然，装配式钢结构也不例外。钢结构是天然的装配式结构，但装配式钢结构有别于传统钢结构，主要区别如下 4 点：

1）从主体结构体系来说，表面上，传统钢结构与装配式钢结构基本没有区别，主体结构都是装配而成的，但是装配式钢结构，尤其是住宅产品，更注重结构体系与户型的冲突及匹配度，更多地关注户型及构件的标准化设计。

2）从外围护系统来说，传统钢结构（特别是民用建筑）的外围护墙及内隔墙更多的是二次砌筑湿作业砌块墙，而装配式钢结构用得比较多的是 PC 外挂墙板、保温装饰一体板、UHPC 挂板、ALC 条板、轻钢龙骨墙等。

3）从内装系统和设备管线系统来说，传统钢结构建筑采用毛坯装修方式，内装体系与结构体系不分离，设备管线与结构体系不分离；而装配式钢结构建筑，多采用支撑体与填充体分离的一体化内装体系（SI 体系），使内装部品模块化、集成化、接口标准化，如集成卫生间、集成厨房。

4）钢结构建筑的产业化（装配式钢结构），不是仅包括结构专业，而是包括建筑、结构、机电、设备、建材、部品、装修等全部专业；不仅涉及生产和施工环节，还涵盖设计、生产、施工、验收、运营维护等建筑全生命周期的各阶段。

3. 装配式钢结构工程的优缺点

（1）装配式钢结构的优点

装配式建筑结构包括主流建筑结构和小众建筑结构。主流建筑结构包括预制混凝土和钢结构，小众建筑结构包括木结构、竹结构和铝合金结构。钢结构是天然的装配式建筑结构，具有绿色建筑的特征。经过精心设计的钢结构建筑具有轻、快、好、省的优点。

1）轻。钢结构建筑所使用的材料具有轻质高强的特征，相对于混凝土建筑自重约降低 30%。钢材自重轻、地震反应小，可以降低基础造价，还可以节省运输费用、增加运输距离。

2）快。由于其建造特征不同，钢结构比预制混凝土（PC）结构工期缩短 50% 以上。

3）好。精心设计的钢结构建筑性能优越，具体体现在：安全可靠，抗震性能卓越；节能保温性能好；柱截面小，室内使用面积大。

4）省。钢结构轻质高强，节省材料。其建造过程节能、节水、节地；材料可拆装、可循环，回收率达到70%；对于宿舍等某些特定建筑，采用装配式钢结构方案可比装配式混凝土方案降低造价30%左右；精心设计、体系优秀的钢结构造价更低，如低层、多层和高层钢结构住宅的用钢量约为$35kg/m^2$、$50kg/m^2$和$75kg/m^2$，对应的结构造价（2024年）约为300元$/m^2$、380元$/m^2$、600元$/m^2$。由于人工费的持续攀升，包含人工、模板和材料在内的传统混凝土结构造价高于钢结构。

（2）装配式钢结构的缺点

1）相对于装配式混凝土结构，装配式钢结构外墙体系与传统建筑存在差别，较为复杂。

2）如果处理不当或者没有经验，钢结构的防火和防腐问题需要引起重视。

3）如设计不当，钢结构比传统混凝土结构更贵，但相对装配式混凝土建筑而言，仍然具有一定的经济性。

4）装配式钢结构要求研发大量的新技术，目前国内还缺乏这方面的科研人才。

5）我国在预制装配式建筑施工技术与装备方面明显滞后，缺乏系统和综合的基础性研究，仅有的分散、局部的研究成果也未能很好地推广应用于工程实际。

4. 装配式钢结构工程的应用范围

对于某些类型的建筑，钢结构具有良好的优势。适合采用装配式钢结构的建筑类型主要有：

1）宿舍、办公楼、酒店、民居、安置房和高层住宅等。

2）标准加油站、标准体育馆、标准仓库等。

3）警银亭、岗哨亭、书报亭等预制建筑，配合机加工连接件，可以做到现场极速拼装。

4）出口国外，尤其是岛屿国家的快速装配式建筑。

3.2　装配式钢结构施工技术

 **知识要点**

1. 钢结构构件的生产。

2. 钢结构构件的起吊与安装。

3. 钢结构构件的连接。

能力目标

1. 掌握钢结构构件的生产方法及要求。

2. 了解钢结构构件的起吊与安装。

3. 掌握钢结构构件的连接方式。

4. 掌握焊缝连接、螺栓连接、铆钉连接的概念、方法和应用场景。

3.2.1 钢结构构件的生产

钢结构构件是由钢板、角钢、槽钢和工字钢等形式零件或部件通过连接件连接而成的能承受和传递荷载的钢结构基本单元，如钢梁、钢柱、支撑等。

1. 钢材的储存

钢材的储存应选择合适的场地，可以露天堆放或者在有顶棚的仓库内堆放（图3-8）。露天堆放时，储存场地应保持平整，高于周围地面，保持清洁、排水通畅，并远离可能产生有害气体或粉尘的厂矿区域。堆放时要尽量使钢材的背面朝上或朝外，以避免积雪或积水，同时要确保两端有高差，便于排水。在有顶棚的仓库内堆放时，钢材可直接堆放在地坪上，并在下面垫楞木。

图 3-8　钢材堆放仓库

为了减少钢材的变形和锈蚀，堆放时不得与具有侵蚀性的酸、碱、盐、水泥等材料堆放在一起，应分别堆放不同品种的钢材，避免混淆。堆码稳固，人工堆码高度不超过 1.2m，机械堆码高度不超过 1.5m，垛宽不超过 2.5m。每隔 5~6 层放置楞木，以确保稳定，楞木要上下对齐，在同一垂直面内。钢材堆码之间要留有通道，通道宽度一般为 0.5m，出入通道根据材料大小和运输机械确定，一般为 1.5~2.0m。钢材堆放现场如图3-9所示。

图 3-9　钢材堆放现场

钢材端部应设置标牌，标明规格、钢号、数量和材质验收证明书编号，标牌要定期检查；钢材端部根据钢号涂上不同颜色的油漆。

钢材入库前必须严格执行检验制度，确保数量、品种与订货合同一致，质量保证书与标牌相符，规格尺寸正确，表面质量良好。对属于下列情况之一的钢材，应进行抽样复验：

1）国外进口钢材。

2）钢材混批。

3）板厚≥40mm，且设计有 Z 向性能要求的厚板。

4）建筑结构安全等级为一级，大跨度钢结构中主要受力构件所采用的钢材。

5）设计有复验要求的钢材。

6）怀疑质量有问题的钢材。

2. 生产前准备

（1）详图设计

一般的设计图并不能直接用于加工制作钢结构，而需要在考虑加工工艺的基础上绘制加工制作图，也称为施工详图。施工详图的设计通常由加工单位负责，在钢结构施工图设计完成后进行。设计人员根据施工图提供的构件布置、截面与内力、主要节点构造、技术要求、相关图纸和规范的规定等信息，对构件的构造进行完善。考虑到制造厂的生产条件、现场施工条件、运输要求、吊装能力、安装条件等因素，确定构件的分段，并将构件的整体形式、梁柱布置、零件尺寸与要求、焊接工艺要求、连接方法等详细体现在图纸上。

钢结构详图设计可以借助计算机辅助软件实现，目前常用的软件有 Auto CAD、PKPM 和 Tekla Structures 等。Tekla Structures 因其交互式建模、自动出图和生成报表等功能而逐渐成为主流软件。利用计算机辅助设计软件，可以实现详图设计与加工制作的一体化，甚至达到无纸化的设计与生产。随着设计软件和数控设备的发展，设计产生的电子图样可以直接转换成数控加工设备所需的文件，实现钢结构设计与加工的自动化。图 3-10 展示了使用 Tekla Structures 设计的钢结构模型。

图 3-10　Tekla Structures 钢结构模型

（2）图纸审核

甲方委托或本单位设计的施工图下达生产车间后，必须经专业人员认真审核。尽管生产厂家技术管理部门提供了相应的工艺技术文件，但仍存在与直接生产要求有一定差距或不完善之处。为避免在实际生产过程中出现问题，造成不必要的损失，这些问题需要在放大样前期通过审图加以解决。

在审图期间，应及时发现施工图标注不清晰的问题，并向设计部门反馈，以避免模糊标注给生产带来困难。例如，有些施工图只注明涂防锈漆两遍，但未注明具体使用的防锈漆种类、颜色及漆膜厚度等细节，这可能导致返工。因此，需要确保施工图标注清晰明了，以保障生产的顺利进行。

1）图纸审核的主要内容包括以下项目：

① 设计文件是否齐全。设计文件包括建筑设计图、结构施工图、图纸说明和设计变更通知单等。

② 构件的几何尺寸是否标注齐全。

③ 相关构件的尺寸是否正确。

④ 节点是否清楚，是否符合国家标准。

⑤ 标题栏内构件的数量是否符合工程数量要求。

⑥ 构件之间的连接形式是否合理。

⑦ 加工符号、焊接符号是否齐全。

⑧ 结合本单位的设备和技术条件考虑，能否满足图纸上的技术要求。

⑨ 图纸的标准化是否符合国家规定等。

2）图纸审查后要做技术交底准备，其内容主要有：

① 根据构件尺寸考虑原材料对接方案和接头在构件中的位置。

② 考虑总体的加工工艺方案及重要的工装方案。

③ 对构件结构的不合理处或施工有困难的地方，要与需求方或者设计单位办好变更签证的手续。

④ 列出图纸中的关键部位或者有特殊要求的地方，加以重点说明。

（3）备料和核对

根据图纸材料表计算出各种材质、规格的材料净用量，再加一定数量的损耗，提出材料预算计划。工程预算一般可按实际用量再增加 10% 进行提料和备料。核对来料的规格、尺寸和质量，仔细核对材质；材料代用，必须经过设计部门同意并进行相应修改。

（4）编制工艺流程

编制工艺流程的原则：以最快的速度、最少的劳动量和最低的费用，可靠地加工出符合图纸设计要求的产品。工艺流程的内容有以下部分：

1）成品技术要求。

2）具体措施：关键零件的加工方法、精度要求、检查方法和检查工具，主要构件的工艺流程、工序质量标准、工艺措施（如组装次序、焊接方法等），采用的加工设备和工艺设备。

3）工艺流程表（或工艺过程卡），其基本内容包括：零件名称、件号、材料牌号、规格、件数，工序名称和内容，所用设备和工艺装备名称及编号，工时定额等。关键零件还要标注加工尺寸和公差，重要工序要画出工序图。

（5）组织技术交底

上岗操作人员应进行培训和考核，特殊工种应进行资格确认，充分做好各项工序的技术交底工作。技术交底按工程的实施阶段可分为两个层次。

第一个层次是开工前的技术交底会。参加的人员主要有图纸设计单位、工程建设单位、工程监理单位及制作单位的有关部门和有关人员。该层次技术交底的主要内容包括：

① 工程概况。

② 工程结构件的类型和数量。

③ 图纸中关键部位的说明和要求。

④ 设计图的节点情况介绍。

⑤ 对钢材、辅料的要求和原材料对接的质量要求。

⑥ 工程验收的技术标准说明。

⑦ 对交货期限、交货方式的说明。

⑧ 构件包装和运输要求。

⑨ 涂层质量要求。

⑩ 其他需要说明的技术要求。

第二个层次是在投料加工前进行的工厂施工人员交底会。参加人员主要包括制作单位的技术、质量负责人，技术部门和质检部门的技术人员、质检人员，生产部门的负责人、施工员及相关工序的代表人员等。此层次的技术交底主要内容除上述 10 条外，还应增加工艺方案、工艺规程、施工要点、主要工序的控制方法、检查方法等与实际施工相关的内容。

（6）钢结构制作的安全生产

钢结构的生产效率通常很高，但由于工件在空间中的大量频繁移动，各个工序中使用的机械设备都需要进行适当的防护。因此，在生产过程中，特别是在制作大型或超大型钢结构时，安全措施显得尤为重要。操作者和生产管理人员进入施工现场时，应穿戴好适当的劳动防护用品，并按照规程要求进行操作。对操作人员进行安全教育，并确保特殊工种持证上岗。

为了便于钢结构的制作和操作者的操作活动，构件应在一定高度上进行测量。胎架的装配组装、焊接及各种搁置架等，与地面的高度应保持在 0.4～1.2m。构件的堆放和搁置应稳固，必要时应设置支撑或定位装置，并且构件的堆垛高度不应超过 2m 和三层。索具、吊具需要定期检查，确保不超过额定荷载，并且正常磨损的钢丝绳应按规定进行更换。

在生产过程中使用的氧气、乙炔、丙烷、电源等必须有安全防护措施，并且要定期检查其密封性和接地情况。对施工现场的危险源，应设置相应的标志、信号、警戒等；操作人员必须严格遵守各岗位的安全操作规程，以避免意外伤害。构件起吊应听从一个人的指挥，并且在构件移动时，移动区域内不得有人滞留或穿过。所有制作场地的安全通道必须保持畅通，确保安全生产。

3. 放样

放样是指按照施工图上的几何尺寸，以 1:1 的比例在样板台上放出实样以求出真实形状和尺寸，然后根据实样的形状和尺寸制成样板、样杆，作为下料、弯制、铣、刨、制孔等加工的依据。放样是整个钢结构制作工艺中的第一道工序，也是非常关键的一道工序，对于一些较复杂的钢结构，这道工序是钢结构工程成败的关键。

进行一般钢结构的放样操作时，作业人员应对项目的施工图非常熟悉，如果发现有不妥之处要及时通知设计部研究解决。确认施工图无误后，可以采用小扁钢或者铁皮做样板和样杆，并应在样板和样杆上用油漆写明加工号、构件编号、规格，同时标注好孔直径、工作线、弯曲线等各种加工标识。此外，放样要计算出现场焊接收缩量和切割、铣端等需要的加工余量。自动切割的预留余量是 3mm，手动切割为 4mm。铣端余量，剪切后加工的一般每边加 3～4mm，气割则为 4～5mm。焊接的收缩量则要根据构件的结构特点由加工工艺来决定。

放样时以 1:1 的比例在样板台上弹出大样。当大样尺寸过大时，可分段弹出。对一些三角形构件，如果只对其节点有要求，则可以缩小比例弹出大样，但应注意其精度。放样弹出的十字基准线，两线必须垂直；然后根据十字线逐一画出其他各个点及线，并在节点旁注上尺寸，以备复查和检查。

4. 号料

号料是根据样板在钢材上勾勒出构件的实物样式，并在材料上标注切割、铣削、刨削、弯曲、钻孔等加工位置，进行打冲孔，为钢材的切割下料做好准备（图 3-11）。

号料的注意事项和要求如下：

1）根据料单检查清点样板和样杆，点清号料数量。号料应使用经过检查合格的样板与样杆，不得直接使用钢尺。

图 3-11　钢材号料

2）准备号料的工具，包括石笔、样冲、圆规、画针、凿子等。

3）检查号料的钢材规格和质量。如果钢材存在较大的弯曲或表面不平整的情况，应首先进行矫正处理。当钢板长度不足以满足要求时，需进行焊接拼接，此时需要特别注意焊缝的大小和形状。

4）不同规格、不同钢号的零件应分别号料，并依据先大后小的原则依次号料。对于需要拼接的同一构件，必须同时号料。

5）号料时，同时画出检查线、中心线、弯曲线，并注明接头处的字母、焊缝代号。

6）号孔应使用与孔径相等的圆形规孔，并打上样冲，做出标记，便于钻孔后检查孔位是否正确。

7）弯曲构件号料时，应标出检查线，用于检查构件在加工、装焊后的曲率是否正确。

8）号料过程中，应随时在样板、样杆上记录下已号料的数量；号料完毕，应在样板、样杆上注明并记下实际数量。

9）对于剩余材料，应进行余料标识，包括余料编号、规格、材质等信息，以备再次使用。

套料技术是为了充分利用钢材、减少余料而采用的一种方法。将材料等级和厚度相同的零件合理排列在同一张钢板的边框内，这个过程被称为套料。传统的手工套料方式是将零件的图形按照一定比例缩小，然后剪成纸样，在同比例的钢板边框内进行合理排列，最后根据这些纸样在实际钢板上进行号料。

随着计算机技术的进步，出现了以自动套料软件为核心的数控套料方法。这类软件集成了图纸转化、自动排版、材料预算和余料管理等功能，能够从材料利用率、切割效率、产品成本等多个方面提高生产效率，符合可持续发展的需求，因此逐渐成为行业的主流趋势。

5. 切割

目前常用的切割方法有机械切割、气割、等离子切割等三种，它们具有不同的使用设备、特点和适用范围。选择何种切割方式应根据具体要求和实际情况来确定。切割后的钢板应保持无分层、无裂纹，清除切口处的毛刺、熔渣和飞溅物。

在我国的钢结构制造企业中，对于 12～16mm 厚度的钢板直线型切割常采用剪切方式；气割多用于带有曲线的零件和厚板的切割；钢管等类钢材的下料通常采用锯切，但中小型角钢和圆钢等也可以采用剪切或气割；等离子切割则主要用于熔点较高的不锈钢和有色金属材料的切割。剪切下料常用剪板机，其中液压摆式剪板机是普遍采用的设备。

气割下料通常使用数控多头火焰直条气割机，也可采用半自动气割机和手工气割。半自动气割机是小车式气割机，表面较光洁，一般无须再进行精加工。手工气割主要使用割炬。这三种气割方法互相配合使用，是我国钢结构制造企业常用的气割方式。

在传统的切割下料中，切割工人通常按照矩形零件的尺寸和数量顺序进行切割，导致剩余钢材积压和浪费。在信息化时代，数控切割因其自动化、高效率和高质量的特点而受到青睐。数控切割通过计算机绘图、零件优化套排和数控编程，有效提高了钢材利用率，从而提高了切割生产准备的工作效率。然而，如果未能使用好优化套排编程软件，可能会导致更严重的钢材浪费。因此，钢结构生产从业人员应接受套料编程系统的培训，以适应时代发展的需求。

6. 矫正

钢板和型材，由于受轧制时压延不均、轧制后冷却收缩不均及运输、储存过程中各种因素影响，常常产生波浪形、局部凹凸和各种扭曲变形。钢材变形会影响号料、切割及其他加工工序的正常进行，降低加工精度，在焊接时还会产生附加应力或因构件失稳而影响构件的强度，这就需要通过钢材矫正消除材料的这类缺陷。钢材矫正一般用多轴辊矫平机矫正钢板的变形，用型材矫直机矫正型材的变形。矫正，对于钢板指的是矫平，对于型材指的是矫直。

（1）钢板的矫正（矫平）

常用的多轴辊矫平机由上下两列工作轴辊组成，一般有 5～11 个工作辊。下列是主动轴辊，由轴承固定在机体上，不能做任何调节，由电动机通过减速器带动它们旋转；上列为从动轴辊，可通过手动螺杆或电动调节装置来调节上下辊列间的垂直间隙，以适应不同厚度钢板的矫平作业。钢板随轴辊的转动而啮入，并在上下辊列间承受方向相反的多次交变的小曲率弯曲，因弯曲应力超过材料的屈服极限而产生塑性变形，使那些较短的纤维伸长，从而矫平整张钢板。增加矫平机的轴辊数目，可以提高钢板的矫平质量。

在钢板矫平时需要注意以下几点：

1）钢板越厚，矫平越容易。薄板易产生变形，矫平比较困难。

2）钢板越薄，要求矫平机的轴辊数越多。矫平机的轴辊数一般为奇数。厚度在 3mm 以上的钢板通常在五辊或七辊矫平机上矫平；厚度在 3mm 以下的钢板，必须在九辊、十一辊或更多轴辊的矫平机上矫平。

3）钢板在矫平机上往往不是一次就能矫平的，需要重复数次，直至符合要求。

4）钢板切割成构件后，由于构件边缘在气割时受高温或在机械剪切时受挤压而产生变形，需要进行二次矫平。

（2）型钢的矫正（矫直）

型钢主要用型材矫直机（撑床）进行矫正。机床的工作部分是由两个支撑和一个推撑组成。支撑没有动力传动，两个支撑间的间距可以根据需要进行调节。推撑安装在一个能做水平往复运动的滑块上，由电动机通过减速器带动其做水平往复运动。矫正型材时，将型材的变形段靠在两个支撑之间，使其受推撑作用力后产生反方向变形，从而将变形段矫直。型钢的矫直原理如图 3-12 所示。

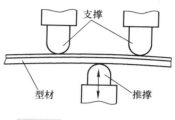

图 3-12　型钢的矫直原理

（3）火焰矫正

在建筑钢构件的制造过程中，焊接是其主要的加工方法。由于这类钢构件的焊缝数量多、焊接填充量大，焊接变形问题难以避免。因此，在大多数建筑钢构件制造厂，火焰矫正是一道必不可少的工序。钢构件的火焰矫正是使用火焰对构件进行局部加热，使其产生压缩塑性变形，通过塑性变形部分的冷却收缩来消除变形。

火焰矫正的常见方法有三角形加热、点状加热、线状加热三种。但是需要共同注意的一点是温度的控制，因此针对不同的变形也有不同的火焰矫正方式（表 3-1）。

表 3-1　不同变形类别的火焰矫正方式

变形类别	火焰矫正方式
波浪变形	点状加热
角变形	线状加热
弯曲变形	线状加热 三角形加热

7. 边缘加工

在钢结构构件制造过程中，为消除切割造成的边缘硬化而刨边，为保证焊缝质量而刨或铣坡口，为保证装配的准确及局部承压的完善而将钢板刨直或铣平，均称为边缘加工。边缘加工分铲边、刨边、铣边、碳弧气刨和坡口机加工等方法。

（1）铲边

对加工质量要求不高、工作量不大的边缘进行加工，可以采用铲边的方式。铲边有手工铲边和机械铲边两种。手工铲边的工具有手锤和手铲等，机械铲边的工具有风动铲锤和铲头等。一般铲边的构件，其铲线尺寸与施工图尺寸要求不得相差 1mm。铲边后的棱角垂直误差不得超过弦长的 1/3000，且不得大于 2mm。

（2）刨边

刨边是利用两组安装在带钢两侧的刨刀，对带钢边缘进行刨削加工的方法。这种方法的优点是设备简单可靠，能够加工直口和坡口；缺点是需要配置多组刨刀以适应不同板厚、加工余量和坡口形状，刨刀调整烦琐，且使用寿命相对较短。

刨床是一种用刨刀对工件的平面、沟槽或成形表面进行刨削的直线运动机床。刨床使用简单的刀具，但生产率较低（除非加工长而窄的平面），因此，刨床主要用于单件、小批量生产及机修车间。根据其结构和性能，刨床可分为牛头刨床、龙门刨床、单臂刨床及专门用途的刨床，如刨边机、刨模机等。

牛头刨床因其滑枕和刀架形状类似牛头而得名。刨刀装在滑枕的刀架上，进行纵向往复运动，主要用于切削各种平面和沟槽。

龙门刨床则因其顶梁和立柱组成的龙门式框架结构而得名。工作台带着工件通过龙门框架进行直线往复运动，常用于加工大平面（尤其是长而窄的平面），也用于加工沟槽，或同时加工多个中小零件的平面。大型龙门刨床通常配备铣头和磨头等部件，使得工件能够在一次安装后完成刨削、铣削和磨平等工序。

单臂刨床具有单立柱和悬臂结构，工作台沿床身导轨进行纵向往复运动，常用于加工宽度较大但不需要加工整个宽度的工件。

（3）铣边

铣边最主要的作用是能够使拼板时的对接缝密闭。因埋弧焊焊接电流较大，为避免烧穿，一般要求拼出的板缝要小于或等于 0.5mm。但气割出来的板边或钢厂轧出的板边直接拼出来的对接缝往往无法满足埋弧焊对板缝间隙的要求，这时就需要再通过铣边来达到要求。另外，也可通过铣边来加工某些需开坡口厚板的角度。

铣边使用的设备是铣边机（图 3-13）。作为刨边机的替代产品，铣边机具有功效高、精度高、能耗低等优点。铣边机尤其适用于钢板各种形状坡口的加工，可加工的钢板厚度一般为 5～40mm，坡口角度可在15°～50°任意调节。

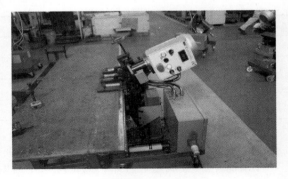

图 3-13　铣边机

（4）碳弧气刨

碳弧气刨是利用碳极电弧的高温，把金属局部加热到液体状态，同时用压缩空气的气流把液体金属吹掉，从而达到对金属进行切割的一种加工方法。

碳弧气刨的主要应用范围：

1）焊缝挑焊根。

2）开坡口，尤其是 U 形坡口。

3）返修焊件时，消除焊接缺陷。

4）清除铸件表面的毛边、飞刺、冒口和铸件中的缺陷。

5) 切割不锈钢中、薄板。

6) 刨削焊缝表面的余高。

（5）坡口机加工

坡口一般可用气割加工或机械加工，在特殊情况下采用手动气割的方法，但必须进行事后处理（如打磨等）。目前坡口加工专用机已经普及，有 H 型钢坡口及弧形坡口的专用机械，其效率高、精度高。焊接质量与坡口加工的精度有直接关系，如果坡口表面粗糙，有尖锐且深的缺口，就容易在焊接时产生不熔部位，会产生焊接缝隙；如果坡口表面黏附油污，焊接时就会产生气孔和裂缝。因此，要重视坡口加工质量。钢结构坡口如图 3-14 所示。

图 3-14　钢结构坡口

8. 制孔

钢结构构件制孔首选钻孔方法。在确认某些材料质量、厚度和孔径在冲孔后不会引起脆性的情况下，才允许采用冲孔方法。钻孔是通过钻床等机械设备进行的，适用于任何厚度的钢结构构件。钻孔的优点在于螺栓孔的孔壁损伤较小，质量较好。对于高强度螺栓孔，应优先采用钻孔方式制孔。

钻孔过程中通常使用平钻头，若遇到钻不透的情况可转用尖钻头。对于板叠较厚、材料强度较高或孔径较大的情况，应选用群钻钻头以降低切削力，便于排屑并减少钻头磨损。长孔可以通过两端钻孔中间气割的方式加工，但孔的长度必须大于孔直径的 2 倍。

冲孔通常用于制作非圆孔和薄板孔，要求孔径必须大于板厚。普通钢结构构件厚度在 5mm 以下的允许冲孔，次要结构厚度小于 12mm 的也可以采用冲孔。冲孔后的孔口不得随后进行焊接（槽形），除非确认材料在冲孔后仍保留足够的韧性。需要在冲孔后扩孔时，冲孔必须比指定直径小 3mm。

钢结构构件制孔的质量检验标准分为 A、B 级螺栓孔（Ⅰ类孔）和 C 级螺栓孔（Ⅱ类孔）。对于 A、B 级螺栓孔，要求精度达到 H12 级，孔壁表面粗糙度 $Ra \leq 12.5\mu m$，并且孔径的允许偏差需符合规定。对于 C 级螺栓孔，要求孔壁表面粗糙度 $Ra \leq 25\mu m$，孔径的允许偏差也需要符合相应规定。

9. 钢结构构件的组装

钢结构构件的组装是遵照施工图的要求，把已加工完成的各类零件或半成品构件，装配组合成独立的成品，这种装配方法通常称为组装。钢构件的组装方法较多，有地样法、仿形复制装配法、立装、卧装及胎膜组装法等。

1）地样法：用 1:1 的比例在装配平台上放出构件实样，然后根据零件在实样上的位置，分别组装起来成为构件。此装配方法适用于桁架、构架等小批量结构组装，不适用于大批量的零部件组装。

2）仿形复制装配法：先用地样法组装成单面（片）的结构，然后焊接牢固，将其翻身，作为复制胎模，在其上面装配另一单面的结构，往返两次组装。此装配方法适用于横断面互为对称的桁架结构组装。

3）立装：根据构件的特点和零件的稳定位置，选择自上而下或自下而上的装配。此法适用于放置平稳、高度不大的结构或者大直径的圆筒。

4）卧装：将构件卧置进行装配。此装配方法适用于断面不大但长度较长的细长构件。

5）胎模组装法：将构件的零件用胎模定位在其装配位置上的组装方法。此装配方法适用于批量大、精度高的产品。它的特点是装配质量高、工作效率高。

钢结构组装的方法有很多，但在实际生产中，我国钢结构制造企业较常采用地样法和胎膜组装法。对于焊接 H 型钢和箱形梁，目前国内普遍采用组立机进行组装，如图 3-15 和图 3-16 所示。

图 3-15　H 型钢组立机

图 3-16　箱形梁组立机

在钢结构构件的组装过程中，拼装必须按工艺要求的次序进行。当有隐蔽焊缝时，必须先予施焊，经检验合格方可覆盖。为减少变形，尽量采用小件组焊，经矫正后再大件组装。钢结构组装的零部件必须是检验合格的产品，零部件连接接触面和沿焊缝边缘 30～50mm 范围内的铁锈、毛刺、污垢、冰雪、油迹等应清除干净。板材、型材的拼接应在组装前进行，构件的组装应在部件组装、焊接、矫正后进行，以便减少构件的残余应力，保证产品的制作质量。

10. 钢结构构件的除锈

《钢结构工程施工质量验收标准》（GB 50205—2020）规定，钢结构构件的表面应平直、无损伤，不得有裂纹、油污、颗粒状或片状老锈。为了保证建筑的寿命和质量，钢结构除锈工作至关重要，而除锈方法有多种选择，常用的包括机械除锈、抛丸喷砂除锈及化学法除锈。

机械除锈主要是利用电动刷、电动砂轮等电动工具清理钢结构表面的锈蚀。这种方法使用方便，可以提高除锈效率，对于较深的锈斑也能有效除去，但需要注意操作时不要用力过猛，以免打磨过度。

抛丸喷砂除锈是利用机械设备高速运转抛出一定粒度的钢丸，通过钢丸与构件的碰撞打击去除钢材表面锈蚀。铸铁丸和钢丝切丸是常用的钢丸品种，具有不同的特点和用途。铸铁丸成本较低但耐用性稍差，钢丝切丸除锈效果好且使用寿命较长，但价格相对较高。

喷砂除锈是利用高压空气喷射不同的喷料到构件表面进行除锈，效率高且除锈彻底。这种方法需要人工操作，除锈后的构件表面粗糙度较小。

化学法除锈是利用酸与金属氧化物发生化学反应去除金属表面的锈蚀，通常称为酸洗除锈。除锈过程包括将特制的钢铁除锈剂渗入锈层内溶解氧化物、沉积物和渣垢，然后用清水冲洗干净处理过的钢材。

11. 钢结构构件的涂装

为了克服钢结构容易腐蚀、防火性能差的缺点，需在钢结构构件表面进行涂装保护，以延长钢结构的使用寿命、增加安全性能。钢结构构件的涂装分为防腐涂装和防火涂装。钢结构构件的涂装应在钢结构构件制作安装验收合格后进行，涂刷前应采取适当的方法将需要涂装部位的铁锈、焊缝药皮、焊接飞溅物、油污、尘土等杂物清除干净。

（1）防腐涂装

钢结构防腐漆宜选用醇酸树脂、氯化橡胶、环氧树脂、有机硅等品种。一般钢结构施工图中有明确规定，应严格按照施工图要求选购防腐漆。防腐漆应配套使用，涂膜应由底漆、中间漆和面漆构成。底漆应具有较好的防锈性能和较强的附着力；中间漆除具有一定的底漆性能外，还兼有一定的面漆性能；面漆直接与腐蚀环境接触，应具有较强的防腐蚀能力和耐候、抗老化能力。

（2）防火涂装

防火涂料是以无机黏合剂与膨胀珍珠岩、耐高温硅酸盐材料等吸热、隔热及增强材料合成的一种防火材料，其喷涂于钢结构构件表面，形成可靠的耐火隔热保护层，能提高钢结构构件的耐火性能。《钢结构防火涂料》（GB 14907—2018）对防火涂料进行了如下分类。

1）按火灾防护对象分类。

① 普通钢结构防火涂料：用于普通工业与民用建（构）筑物钢结构表面的防火涂料。

② 特种钢结构防火涂料：用于特殊建（构）筑物（如石油化工设施、变配电站等）钢结构表面的防火涂料。

2）按使用场所分类。

① 室内钢结构防火涂料：用于建筑物室内或隐蔽工程的钢结构表面的防火涂料。

② 室外钢结构防火涂料：用于建筑物室外或露天工程的钢结构表面的防火涂料。

3）按分散介质分类。

① 水基性钢结构防火涂料：以水作为分散介质的钢结构防火涂料。

② 溶剂性钢结构防火涂料：以有机溶剂作为分散介质的钢结构防火涂料。

4）按防火机理分类。

① 膨胀型钢结构防火涂料：涂层在高温时膨胀发泡，形成耐火隔热保护层的钢结构防火涂料。

② 非膨胀型钢结构防火涂料：涂层在高温时不膨胀发泡，其自身成为耐火隔热保护层的钢结构防火涂料。

12. 钢结构构件的预拼装

由于受运输、安装设备能力的限制，或者为了保证安装的顺利进行，在工厂里将多个成品构件按设计要求的空间设置试装成整体，以检验各部分之间的连接状况，称为预拼装。

预拼装一般分平面预拼装和立体预拼装两种形式，如图 3-17 所示。拼装的构件应处于自由状态，不得强行固定。预拼装检验合格后，应在构件上标注上下定位中心线、标高基准线、交线中心点等必要标记，必要时焊上临时撑件和定位器等。其允许偏差应符合相应的规定。

预拼装方法分为平装法、立拼拼装法和模具拼装法。

图 3-17　钢结构构件的预拼装

（1）平装法

平装法操作方便，不需要稳定加固措施，不需要搭设脚手架；由于焊缝焊接大多为平焊缝，焊接操作简易，对焊工的技术要求不高，焊缝质量易于保证；校正及起拱方便、准确。平装法适用于拼装跨度较小、构件相对刚度较大的钢结构，如长度 18m 以内钢柱、跨度 6m 以内天窗架及跨度 21m 以内钢屋架的拼装。

（2）立拼拼装法

立拼拼装法可一次拼装多个构件，块体占地面积小，不用铺设或搭设专用拼装操作平台或枕木墩，节省材料和工时；由于拼装过程无须翻身工序，质量易于保证，不用增设专供块体翻身、倒运、就位、堆放的起重设备，也缩短了工期；块体拼装连接件或节点的拼接焊缝可两边对称施焊，可防止预制构件连接件或钢构件因节点焊接变形而使整个块体产生侧弯。但立拼拼装时需搭设一定数量的稳定支架，块体校正、起拱较难，钢构件的连接节点及预制构件的连接件的焊接立缝较多，也增加了焊接操作的难度。

（3）模具拼装法

模具是指符合工件几何形状或轮廓的模型（内模或外模）。用模具来拼装组焊钢结构，具有产品质量好、生产效率高等许多优点。对成批的板材结构、型钢结构，应当考虑采用模具进行组装。桁架结构的装配模往往是以两点连直线的方法制成，其结构简单、使用效果好。

近年来，计算机应用蓬勃发展，尤其是 BIM 应用以来，计算机模拟预拼装（图 3-18）技术应运而生，为解决预拼装问题提供了新的途径。

图 3-18　钢结构的模拟预拼装

自动化预拼装工序一般如下：

1）由全站仪测量或 3D 扫描仪测量等测量技术得到构件孔位的三维坐标。

2）将此三维坐标进行编号整理，建立局部坐标系下构件实测模型。

3）由设计图建立结构整体坐标系下理论位置模型（孔位理论坐标）。

4）将构件实测模型导入计算机程序，由程序自动进行试拼装计算，得到实测构件模型与结构理论模型的孔位偏差，即试拼装偏差。

5）对结果进行分析整理，根据工程实际情况进行位置调整或构件加工。

3.2.2 钢结构构件的起吊与安装

1. 起重机械

在钢结构工程施工中，合理选择吊装起重机械是至关重要的。起重机械的类型选择应综合考虑结构的跨度、高度、构件质量、吊装工程量、施工现场条件、本企业和本地区现有起重设备状况、工期要求及施工成本等诸多因素。常见的起重机械包括汽车式起重机、履带式起重机和塔式起重机等。

在工程中，根据具体情况选择合适的起重机械非常重要。所选起重机械的三个主要工作参数，即起重量、起重高度和工作幅度（回转半径），必须满足结构吊装的要求。

（1）汽车式起重机

汽车式起重机是利用轮胎式底盘行走的动臂旋转起重机，如图 3-19 所示。它是把起重机构安装在加重型轮胎和轮轴组成的特制底盘上的一种全回转式起重机。其优点是轮距较宽、稳定性好、车身短、转弯半径小，可在 360°范围内工作。但其行驶时对路面要求较高，行驶速度较一般汽车慢，且不适于在松软泥泞的地面上工作，通常用于施工地点位于市区或工程量较小的钢结构工程中。

图 3-19 汽车式起重机

（2）履带式起重机

履带式起重机是一种将起重作业部分安装在履带底盘上的移动式起重机，如图 3-20 所示。履带式起重机具有较大的接地面积，对地面压力较小，稳定性良好，适合在松软和泥泞的地面上作业。它的牵引系数高，爬坡能力强，可以在崎岖不平的场地上行驶。履带式起重机特别适用于地面条件较差且需要较大吊装工程量的固定工作地点和普通单层钢结构的吊装作业。

图 3-20 履带式起重机

（3）塔式起重机

塔式起重机包括固定式、移动式和自升式等类型。其主要特点有：工作高度高，起升高度大，可以进行分层分段作业；水平覆盖面广；具有多种工作速度和作业性能，生产效率高；驾驶室高度与起重臂高度一致，视野开阔；构造简单，维修保养方便。塔式起重机广泛用于钢结构工程，尤其适用于高层或超高层钢结构的吊装作业。

2. 吊具、吊索和机具

行业内习惯把用于起重吊运作业的刚性取物装置称为吊具，把系结物品的挠性工具称为索具或吊索，把在工程中使用的由电动机或人力通过传动装置驱动带有钢丝绳的卷筒或环链来实现载荷移动的机械设备称为机具。

（1）吊具

1）吊钩：起重机械上重要取物装置之一，如图 3-21 所示。

2）卸扣：由本体和横销两大部分组成，根据本体的形状又可分为 U 形卸扣和弓形卸扣，如图 3-22 所示。卸扣可作为端部配件直接吊装物品或构成挠性索具连接件。

图 3-21　吊钩

图 3-22　卸扣

3）索具套环：钢丝绳索扣（索眼）与端部配件连接时，为防止钢丝绳扣弯曲半径过小而造成钢丝绳弯折损坏，应镶嵌相应规格的索具套环，如图 3-23 所示。

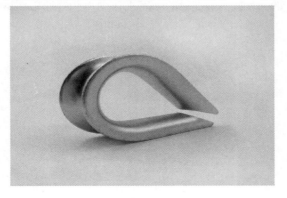

图 3-23　索具套环

4）钢丝绳绳卡：也称为钢丝绳夹、线盘、夹线盘、钢丝卡子、钢丝绳轧头，主要用于钢丝绳的临时连接和钢丝绳穿绕的固定，如图 3-24所示。

图 3-24　钢丝绳绳卡

5）钢板类夹钳：为了防止钢板锐利的边角与钢丝绳直接接触，损坏钢丝绳，甚至割断钢丝绳，在钢板吊运场合多采用钢板类夹钳（图 3-25）来完成吊装作业。

图 3-25　钢板类夹钳

6）吊横梁：也称为吊梁、平衡梁和铁扁担（图 3-26），主要用于水平吊装中避免吊物受力点不合理造成损坏或过大的弯曲变形给吊装造成困难等情况。吊横梁根据吊点不同可分为固定吊点型和可变吊点型，根据主体形状不同可分为一字形和工字形等。

图 3-26　吊横梁

（2）吊索

1）钢丝绳：一般由数十根高强度碳素钢丝先绕捻成股，再由股围绕特制绳芯绕捻而成。钢丝绳具有强度高、耐磨损、抗冲击等优点且有类似绳索的挠性，是起重作业中使用最广泛的工具之一。

2）白棕绳：以剑麻为原料捻制而成。其抗拉力和抗扭力较强，耐磨损、耐摩擦、弹性好，在突然受到冲击荷载时也不易断裂。白棕绳主要用作受力不大的缆风绳、溜绳等，也有的用于起吊轻小物件。

（3）机具

1）手拉葫芦：又称为起重葫芦、吊葫芦，如图3-27所示。手拉葫芦使用安全可靠、维护简单、操作简便，是比较常用的起重工具之一。手拉葫芦工作级别，按其使用工况分为 Z 级（重载，频繁使用）和 Q 级（轻载，不经常使用）。

2）卷扬机：在工程中使用的由电动机通过传动装置驱动带有钢丝绳的卷筒来实现载荷移动的机械设备，如图3-28所示。卷扬机按速度可分为高速、快速、快速溜放、慢速、慢速溜放和调速六类，按卷筒数量可分为单卷筒和双卷筒两类。

图 3-27　手拉葫芦

图 3-28　卷扬机

3）千斤顶：用比较小的力就能把重物升高、降低或移动的简单机具。其结构简单，使用方便，承载能力为 1~300t。千斤顶分为机械式和液压式两种，如图3-29所示。机械式千斤顶又分为齿条式和螺旋式两种。机械式千斤顶起重量小，操作费力，适用范围较小；液压式千斤顶结构紧凑，工作平稳，有自锁作用，故被广泛使用。

3. 钢结构构件的验收、运输、堆放

（1）钢结构构件的验收

钢结构构件加工制作完成后，应按照施工图和《钢结构工程施工质量验收标准》的规定进行验收。钢结构构件出厂时，应提供下列资料：

1）产品合格证及技术文件。

2）施工图和设计变更文件。

图 3-29　千斤顶

3）制作中技术问题处理的协议文件。

4）钢材、连接材料、涂装材料的质量证明或试验报告。

5）焊接工艺评定报告。

6）高强度螺栓摩擦面抗滑移系数试验报告、焊缝无损检验报告及涂层检测资料。

7）主要构件检验记录。

8）预拼装记录。由于受运输、吊装条件的限制及设计的复杂性，有时构件要分两段或若干段出厂，为了保证工地安装的顺利进行，根据需要可在出厂前进行预拼装。

9）构件发运和包装清单。

（2）钢结构构件的运输

发运单件超过 3t 的构件时，宜在显眼部位用油漆标注质量和重心位置的标志，以避免在装卸车和起吊过程中损坏构件。节点板、高强度螺栓连接面等重要部分要采取适当的保护措施，零星部件要按类别用螺栓和钢丝捆扎成束或包装后发运。

大型或重型构件的运输应根据行车路线、运输车辆性能、码头状况和运输船只等因素编制运输方案。在运输方案中，构件的运输顺序要充分考虑吊装工程的堆放条件和工期要求。

运输构件时，应根据构件的长度、质量和断面形状选用合适的车辆；构件在运输车辆上的支点、两端伸出的长度及绑扎方法应保证构件不产生永久变形、不损伤涂层。构件起吊必须按设计的吊点进行，不得随意更改。公路运输的装运高度限制为 4.5m；如需通过隧道，则高度限制为 4m；构件伸出车身的长度不得超过 2m。

（3）钢结构构件的堆放

构件通常堆放在工厂或施工现场的堆放场地。堆放场地应平整坚固，无积水和冰层，地面干燥，排水设施完善，并有供车辆进出的出入口。

构件应按种类、型号和安装顺序划分区域，竖立标志牌。底层垫块应具有足够的支承面，不允许垫块出现大的沉降。堆放高度应有计算依据，确保最下面的构件不产生永久变形，不得随意增加堆放高度。钢结构产品不得直接置于地面，应垫高 200mm。堆放过程中，如发现有不合格或变形的构件，应严格检查并矫正后再堆放，不得将不合格的变形构件与合格构件混放，否则会严重影响安装进度。

对于已堆放好的构件，应派专人汇总资料，建立完善的进出场动态管理制度，严禁乱翻乱动。同时，对已堆放的构件进行适当保护，避免风吹雨淋、日晒夜露。不同类型的钢构件一般不应混放。同一工程的钢构件应分类堆放在同一区域，便于装车和发运。

4. 钢结构构件的安装

（1）钢柱安装

1）在进行钢柱安装之前，需进行安装前检查。这包括检查建筑物的定位轴线、基础轴线、标高及地脚螺栓位置，确保符合设计要求，并完成交接验收。

2）钢柱的吊装：利用钢柱上端的吊耳进行吊装，起吊时需垫实钢柱根部，保持根部不离地面。通过吊钩进行逐步起升、变幅和吊臂回转，使钢柱逐渐扶直。待钢柱基本停止晃动后再继续提升，直至将钢柱吊装到位；不得斜着吊起构件。

3）首节钢柱安装于±0.00m混凝土基础上。安装前，在每根地脚螺栓上拧上螺母，使螺母面的标高与钢柱底板的底面标高相符。将柱及柱底板吊装就位后，通过微调螺母的方式调整标高，直至符合要求为止。

4）上部钢柱吊装前，先在柱身上绑好爬梯，柱顶拴好缆风绳。吊升到位后，首先将柱身中心线与下节柱的中心线对齐，四面兼顾。再利用安装连接板进行钢柱对接，拧紧连接螺栓，拉好缆风绳并解钩。

5）钢柱的矫正流程如下：首先通过水准仪将标高点引测至柱身，调校钢柱标高至规范要求范围内；然后进行钢柱垂直度校正。在校正过程中，综合考虑轴线、垂直度、标高、焊缝间隙等因素，确保每个分项的偏差值符合设计及规范要求。

（2）钢梁安装

1）钢框架梁采用两点吊装，安装完成后，首先使用冲钉将螺栓孔固定，然后安装连接螺栓（数量不得少于总螺栓数的1/3）。在安装连接螺栓时，严禁在情况不明的情况下随意扩大孔径，连接板必须保持平整。对于需要焊接的平台梁，在安装时要预留焊缝变形量，考虑焊缝收缩的影响。每安装完一节梁后，必须重新进行误差校正，与钢柱校正配合进行。梁校正完毕后，暂时使用大六角高强度螺栓固定；待整个框架校正和焊接完成后，再最终紧固高强度螺栓。采用一吊多根的方式安装框架梁时，需考虑梁间距，以确保操作安全。

2）屋面梁的特点在于跨度大、侧向刚度小。为确保质量和安全，提高生产效率并降低劳动强度，应根据现场条件和起重设备能力，最大限度地扩大地面拼装工作量。然后，将地面组装好的屋面梁吊装到位并与柱连接。可选用单机两点或三点起吊，或者使用铁扁担减小索具对梁的压力。

3）钢吊车梁的吊装可采用专用吊耳或钢丝绳绑扎。钢吊车梁的校正主要包括标高、纵横轴线（直线度、轨距）和垂直度的调整。校正应在一跨（即两排吊车梁）全部吊装完毕后进行。

（3）压型钢板安装

1）压型钢板铺设的重点是边、角的处理。四周边缘搭接宽度按设计尺寸，并应认真作业，以保证质量。边、角处理前，应认真、仔细地制作边、角样板，然后下料切角。

2）压型钢板如有弯曲、微损，应用木槌、扳手修复，严重破损、镀锌层严重脱落的则应废弃。

3）铺放前应对钢梁进行清理，要求无油污、铁锈、干燥、清洁。放板应按预先画好的位置进行，严格做到边铺板边点焊固定，两板沟肋要对准、平直。

4）压型钢板作为永久性支承模板，应重视两板搭接处的质量，搭接长度不少于5cm，以保证其牢固度。

5）安装前检查边模板是否平直，有无波浪形变形，垂直偏差是否在50mm以内，对不符合要求的要进行校正。

（4）网架结构安装

1）高空散装法，是将运输到现场的单元体或散件用起重机械吊升到高空，然后对位拼装成整体结构。这种方法适用于采用螺栓球或高强度螺栓连接节点的网架结构。高空散装法有两种方式：全支架法（使用满堂脚手架）和悬挑法。全支架法主要用于散件的拼装，悬挑法则常用于小拼单元在高空总拼或球面网壳三角形网格的拼装。

2）分条分块法，是高空散装法的扩展组合形式。为了适应起重机械的能力和减少高空拼装工作量，将屋盖划分为若干单元，在地面组装成条状或块状单元后，使用起重机械或设置在双肢柱顶的起重设备垂直吊升或提升到设计位置，然后拼装成整体网架结构。

3）高空滑移法，是将分条的网架单元在预设的滑轨上滑移到设计位置拼接成整体的安装方法。条状单元可以在地面组装后用起重机吊至支架上，也可以在高空拼装平台上拼成条状单元。这种方法适用于建筑物一端设有高空支架的情况，网架的条状单元由一端滑向另一端。

4）整体吊升法，是先在地面错位拼装网架结构成整体，然后使用起重机吊升至设计标高以上，移位后落位固定。这种方法无须搭设高的拼装架，减少高空作业，有利于焊接接头质量，但需要大型起重设备和复杂的吊装技术，适用于球节点网架的吊装，特别是三向网架。

5）整体顶升法，是利用原有结构柱或另设支架或枕木垛作为顶升支撑，在网架下方安置千斤顶，通过千斤顶垂直顶升，但不允许平移或转动。这种方法适用于点支承网架，在顶升过程中需采取导向措施，以防止网架偏移。

3.2.3　钢结构构件的连接

钢结构是由多个构件组合而成的关键组成部分。连接的功能在于以特定方式将板材或型钢组装成构件，或将多个构件组装成整体结构，以确保其共同工作。因此，连接在钢结构中扮演着至关重要的角色，连接方式和质量的优劣直接影响着钢结构的性能表现。钢结构的连接必须满足安全可靠、传力明确、结构简单、制造便捷和节省钢材的原则。连接接头应具备足够的强度，并提供适合实施连接的充足空间。

钢结构的连接方式主要包括焊接连接、螺栓连接和铆接连接等。铆接连接因其构造复杂、耗费钢材和工时，目前很少采用，因此在此不再详述。

1. 焊接连接

焊接连接（图3-30）是目前最主要的连接方式之一。其优势主要包括：无须在钢材上进行打孔或钻孔，既节省了时间和工时，又不会减损材料的截面面积，充分利用了材料；能够直接连接任何形状的构件，通常不需要额外的辅助零件；连接构造简单，传力路径短，适用范围广泛；具有良好的气密性和水密性，结构刚性较高，整体性好。

图3-30　焊接连接

然而，焊接连接也存在一些缺点：由于高温作用，在焊缝附近形成热影响区，导致钢材的金相组织和机械性能发生变化，材料变得更脆；焊接时产生的残余应力增加了结构发生脆性破坏的风险，并降低了压杆的稳定承载能力，同时残余变形也会导致构件尺寸和形状发生变化，需要额外的矫正工作；焊接结构具有连续性，局部裂缝一旦产生很容易扩展到整体结构。

因此，设计、制造和安装时应尽量采取措施，避免或减少焊接连接的不利影响，同时必须按照《钢结构工程施工质量验收标准》中对焊缝质量的规定进行检查和验收。

焊缝的质量检验通常可以采用外观检查和内部无损检验两种方法。外观检查主要针对外观缺陷和几何尺寸进行检查，内部无损检验则是检查内部缺陷。目前，内部无损检验主要采用超声波探伤（图 3-31）技术。这种方法具有灵活、经济的特点，对内部缺陷反应敏感，但在缺陷性质识别方面有一定难度。有时内部无损检验也可以使用磁粉检验，它通常作为辅助手段，比较简单易行。此外，还可以利用 X 射线或 γ 射线进行透照或拍片来进行内部无损检验。

根据《钢结构工程施工质量验收标准》的规定，焊缝的检验分为一级、二级和三级。三级焊缝仅需要外观检查，并符合三级质量标准；而一级和二级焊缝除外观检查外，还需要进行超声波探伤检验以检测内部缺陷，若超声波探伤无法确定缺陷，则需要使用射线探伤检验，并且必须符合国家相关质量标准的要求。

目前，最常见的焊接连接方法包括焊条电弧焊和自动（或半自动）埋弧焊，此外还有气体保护焊和电渣压力焊等。

（1）焊条电弧焊

焊条电弧焊（图 3-32）是一种常见的焊接方法，通电后，在涂有药皮的焊条和焊件间产生电弧，电弧产生热量熔化焊条和母材形成焊缝。焊条电弧焊的优点是设备简单，操作灵活方便，适于任意空间位置的焊接，特别适于焊接短焊缝；但由于需要焊接工人手工施焊，生产效率低，劳动强度大，焊接质量取决于焊工的精神状态与技术水平，质量波动大。

图 3-31　超声波探伤

图 3-32　焊条电弧焊

焊条电弧焊选用的焊条应与焊件钢材相适应。如对 Q235 钢采用 E43 型焊条（E4300 ～ E4328），对 Q355 钢采用 E50 型焊条（E5000 ～ E5048），对 Q390 钢和 Q420 钢采用 E55 型焊条（E5500 ~ E5518）。焊条型号中字母 E 表示焊条（Electrode），前两位数字为熔融金属的最小抗拉强度（单位为 N/mm^2），后两位数字表示适用焊接位置、电流种类及药皮类型等。当不同钢种的钢材进行焊接时，宜采用与低强度钢材相适应的焊条。

（2）自动（或半自动）埋弧焊

埋弧焊是电弧在焊剂层下燃烧的一种电弧焊方法。焊丝送进和电弧移动有专门机构控制的，称自动埋弧焊（图 3-33）；焊丝送进有专门机构控制而电弧移动靠工人操作的，称为半自动埋弧焊。

埋弧焊由于具有生产效率高、焊接质量好、机械化程度高、劳动条件好、节约金属及电能等诸多优点，符合目前工业化生产的需求，是目前钢结构生产企业运用最广泛的焊接方法，特别是在中厚板、长焊缝的焊接方面有明显的优越性。

（3）气体保护焊

气体保护焊是电弧焊的一种形式，其工作原理是利用惰性气体或二氧化碳气体作为保护介质，在电弧周围形成局部保护层，防止被熔化的钢材与空气接触。这种焊接方式下，焊缝熔化区没有熔渣，焊工可以清晰地观察焊缝成型过程。由于保护气体是喷射的，有助于控制熔滴的移动；由于热量集中，焊接速度快，焊件熔深大，因此形成的焊缝强度较高，具有良好的塑性和耐蚀性，适用于全位置焊接。然而，气体保护焊不适合在风力较大的环境下进行焊接。

（4）电渣压力焊

电渣压力焊是一种高效熔化焊方法，如图 3-34 所示。

图 3-33　自动埋弧焊　　图 3-34　电渣压力焊

电渣压力焊利用电流通过高温液体熔渣产生的电阻热作为热源，将被焊的工件（钢板、铸件、锻件）和填充金属（焊丝、熔嘴、板极）熔化，而熔化金属以熔滴状通过渣池，汇集于渣池下部形成金属熔池。由于填充金属的不断送进和熔化，金属熔池不断上升，熔池下部金属逐渐远离热源，逐渐凝固形成焊缝。电渣压力焊特别适用于大厚度焊件的焊接和焊缝处于垂直位置的焊接。

2. 螺栓连接

螺栓连接分为普通螺栓连接和高强度螺栓连接两种，如图 3-35 所示。

（1）普通螺栓连接

钢结构中通常采用的普通螺栓为大六角头型，其规格用字母 M 和公称直径（单位为 mm）表示。常见的规格有 M18、M20、M22、M24 等。按照国际标准，螺栓的性能等级表示为"4.6 级""8.8 级"等。其中，小数点前的数字表示螺栓材料的最低抗拉强度，如"4"代表 $400N/mm^2$，"8"代表 $800N/mm^2$；小数点后的数字（如0.6、0.8）表示螺栓材料的屈强比，即屈服强度与最低抗拉强度的比值。

图 3-35　螺栓连接

普通螺栓根据加工精度分为 A、B、C 三个级别。C 级螺栓是由未经加工的圆钢压制而成。由于其表面粗糙，通常使用单个零件上一次冲成或不使用钻模钻成的孔（Ⅱ类孔）。螺栓孔的直径比螺栓杆的直径大 1.5～3mm。使用 C 级螺栓进行连接时，由于螺杆与栓孔之间存在较大的间隙，受到剪力作用时会产生较大的剪切滑移，连接的变形较大。但是，C 级螺栓安装方便，能够有效地传递拉力，因此通常用于沿螺栓杆轴受拉的连接中，以及次要结构的抗剪连接或安装时的临时固定。

A、B 级精制螺栓则是由毛坯在车床上经过切削加工而成。它们的表面光滑，尺寸准确，螺杆直径与螺栓孔径相同，但螺杆直径只允许负公差，螺栓孔直径只允许正公差，对成孔质量要求较高。由于 A、B 级螺栓具有较高的精度，因此其受剪性能较好。但是，由于其制作和安装过程较为复杂，价格也较高，因此在钢结构中的应用较少。

（2）高强度螺栓连接

高强度螺栓性能等级主要有 8.8 级和 10.9 级，包括大六角头型和扭剪型两种。在安装过程中，通过专用扳手施加较大扭矩来紧固螺母，从而产生很大的预拉力。高强度螺栓的预拉力使得被连接的部件紧密夹紧，产生很大的接触面间摩擦力，外力通过摩擦力传递。

高强度螺栓连接根据设计和受力要求可分为摩擦型和承压型两种。

摩擦型连接依赖连接板件间的摩擦力来承受荷载。螺栓孔壁不承压，螺杆不受剪切，连接变形小，紧密可靠，具有耐疲劳特性，易于安装，并且在受到动态荷载时不易松动，特别适用于需要承受动态荷载的结构。

承压型连接在连接板间的摩擦力被克服后，节点板发生相对滑移，此时依靠孔壁承受压力和螺栓受剪来承担荷载。承压型连接的承载能力高于摩擦型，连接紧凑可靠，但会产生较大的剪切变形，因此不适用于需要承受动态荷载的结构。

3.3　装配式钢结构质量控制与验收

　知识要点

1. 装配式钢结构质量标准。

2. 装配式钢结构验收要求。

能力目标

1. 掌握装配式钢结构的质量标准和规范。
2. 了解装配式钢结构的各类验收项目。
3. 了解装配式钢结构的验收流程。

3.3.1 质量控制

施工质量控制是一个全过程的系统控制过程，根据工程实体形成的时间段，钢结构工程的质量控制应从原材料进场、加工预制、安装焊接、尺寸检查等方面着手，特别要做好施工前预控及施工过程中质量巡检等工作。在施工监理工作中，对人员、机械、材料、方法、环境五个主要影响因素进行全面控制。本节主要根据《钢结构工程施工质量验收标准》等国家标准及规范，阐述钢结构施工各流程质量控制要点，以及常见质量通病的原因和控制措施。

1. 钢结构工程施工前的质量控制要点

（1）核查施工图和施工方案

认真审核施工图，对钢柱的轴线尺寸和钢梁标高等与基础轴线尺寸进行核对，理解设计意图，掌握设计要求，参加图纸会审和设计交底会议，会同各方把设计差错消除在施工之前；认真审阅施工单位编制的施工技术方案，由专业监理工程师进行初审，总监理工程师批准，审批程序要合规。

（2）核查加工预制和安装检测用的计量器具

核查加工预制和安装检测用的计量器具是否进行了检定，状态是否良好；检查承包单位专职测量人员的岗位证书及测量设备检定证书；复核控制桩的校核成果、保护措施，以及平面控制网、高程控制网和临时水准点的测量成果。

（3）核查资质文件

核查钢结构质量和技术管理人员资质，以及质量和安全保证体系是否健全。对质量管理体系、技术管理体系和质量保证体系应审核以下内容：质量管理、技术管理和质量保证的组织机构；质量管理、技术管理制度；专职管理人员和特种作业人员的资格证、上岗证。

（4）材料进场的质量检查

钢结构用钢材及焊接填充材料的选用应符合设计图的要求，并应有钢厂和焊接材料厂出具的质量证明书或检验报告，其化学成分、力学性能和其他质量要求必须符合国家现行标准规定。当采用其他钢材和焊接材料替代设计选用的材料时，必须经原设计单位同意。当钢材表面有锈蚀、麻点或划痕等缺陷时，其深度不得大于钢材厚度允许负偏差的1/2，且不应大于0.5mm；同时检查钢材表面的平整度、弯曲度和扭曲度等是否符合规范要求。所有的连接件均应进行标记，焊材按规定进行烘干。

2. 钢结构施工过程中的质量控制要点

（1）钢结构安装控制要点

1）钢结构构件在安装前应对其表面进行清洁，保证安装构件表面干净，结构主要表面不应有疤痕、泥沙等污垢。钢结构安装前要求施工单位做好工序交接的同时，还要求施工单位对基础做好下列工作：

① 基础表面应有清晰的中心线和标高标记，基础顶面凿毛。

② 基础施工单位应提交基础测量记录，包括基础位置及方位测量记录。

2）钢柱安装前应对地脚螺栓等进行尺寸复核，有影响安装的情况时，应进行技术处理。在安装前，地脚螺栓应涂抹油脂保护。

3）钢柱在安装前应对基础尺寸进行复核，主要核对轴线、标高线是否正确，以便对各层钢梁进行引线。安装柱时，每节柱的定位轴线应从地面控制轴线直接引上，不得从下层柱的轴线引上。各层的钢梁标高可按相对标高或设计标高进行控制。

4）钢柱、钢梁、斜撑等钢结构构件从预制场地向安装位置倒运时，必须采取相应的措施，进行支垫或加垫（盖）软布、木材（下垫上盖）。

5）钢柱在安装前应做好中心线及标高基准点等标记，以便安装过程中进行检测和控制。

6）钢梁吊装前应由技术人员对钢柱上的节点位置、数量进行再次确认，避免造成失误。钢梁安装后的主要检查项目是钢梁的中心位置、垂直度和侧向弯曲矢高。

7）钢结构主体形成后应对主要立面尺寸进行全部检查，对所检查的每个立面，除两列角柱外，还应至少选取一列中间柱。对于整体垂直度，可采用激光经纬仪、全站仪测量。

（2）钢结构焊接工程质量控制要点

1）施工单位对其首次采用的钢材、焊接材料、焊接方法、焊后热处理等，应进行焊接工艺评定，并应根据评定报告确定焊接工艺。

2）焊接材料对钢结构焊接工程的质量有重大影响，因此进场的焊接材料必须符合设计文件和国家现行标准的要求。

3）钢结构焊接必须由持证的技术工人进行施焊。

4）钢结构的焊接质量要求：焊缝表面不得有裂纹、焊瘤等缺陷；一、二级焊缝的焊接质量必须遵照设计及规范要求，并按设计及规范要求进行无损检测；一级、二级焊缝不得有表面气孔、夹渣、弧坑裂纹、电弧擦伤等缺陷，且一级焊缝不得有咬边、未焊满、根部收缩等缺陷。

5）焊缝质量不合格时，应查明原因并进行返修，同一部位返修次数不应超过两次。当超次返修时，应编制返修工艺措施。

6）钢结构的焊缝等级、焊接形式，焊缝的焊接部位、坡口形式和外观尺寸必须符合设计和焊接技术规程的要求。

（3）钢结构防腐工程质量控制要点

钢结构除锈应符合设计及规范要求，在防腐前应进行除锈和隐蔽工程报验，监理工程师要对钢结构的表面质量和除锈效果进行检查和确认。

1）钢结构防腐涂料、稀释剂和固化剂等材料的品种、规格、性能、颜色等应符合现行国家产品标准和设计要求。

2）钢结构在涂装时的环境温度和相对湿度应符合涂料产品说明书的要求。

3）钢结构除锈后应在 4h 内及时进行防腐施工，以免钢材二次生锈。如不能及时涂装时，在钢材表面不应出现未经处理的焊渣、焊疤、灰尘、油污、水和毛刺等。

4）防腐涂料的涂装遍数和涂层厚度应符合设计要求。

5）钢结构各构件防腐涂装完成后，钢结构构件的标志、标记和编号应清晰完整，以便于施工单位识别和安装。

（4）钢结构防火工程质量控制要点

1）防火涂料施工前，应由各专业、工种办理交接手续，在钢结构防腐、管道安装、设备安装等完成后再进行防火涂料涂刷。

2）防火涂料施工前，钢结构的防腐涂装应已按设计要求涂刷完成。

3）防火涂料施工前，应由施工单位技术人员对工人进行技术交底。

4）对于防火涂料涂层的厚度检查，检查数量为涂装构件数的 10% 且不少于 3 件；当采用厚涂型防火涂料进行涂装时，检查的结果厚度要保证 80% 及以上面积符合设计或规范的要求，且最薄处厚度不应低于要求的 85%。

5）钢结构的防火涂料施工往往与各专业施工相交叉，对已施工完成的部位要有成品保护措施，如出现破损情况，应及时进行修补。防火涂料的表面色应按设计要求进行涂刷。

（5）钢结构成品控制

钢结构成品或半成品在钢结构预制场地的堆放要求：根据组装的顺序分别存放；存放构件的场地应平整，并应设置垫木或垫块；箱装零部件、连接用紧固标准件宜在库内存放；对易变形的细长钢柱、钢梁、斜撑等构件应采取多点支垫措施。

（6）钢结构隐蔽工程验收

隐蔽工程是指在施工过程中，上一道工序的工作成果将被下一道工序的工作成果覆盖，完工以后无法检查的那一部分工程。隐蔽工程验收记录是工程交工验收所必需的技术资料的重要内容之一，主要包括：对焊后封闭部位的焊缝的检查，刨光顶紧面的质量检查，高强度螺栓连接面质量的检查，构件除锈质量的检查，柱底板垫块设置的检查，钢柱与杯口基础安装连接二次灌浆的质量检查，埋件与地脚螺栓连接的检查，屋面彩板固定支架安装质量的检查，网架高强度螺栓拧入螺栓球长度的检查，网架支座的检查，网架支座地脚螺栓与过渡板连接的检查等。

3.3.2　装配式钢结构整体验收要求

1. 尺寸偏差验收

装配式钢结构的尺寸偏差应符合相关标准要求。验收时应根据设计图进行测量，检查各构件的尺寸偏差是否符合要求，尤其是钢梁与柱的对接部位，要保证水平度和垂直度。

2. 材质验收

装配式钢结构的材质应符合设计要求。验收时应对主要材质进行取样验收，如钢材、混凝土等。要保证取样的材料具有代表性，检测结果应符合规定的标准和要求。

3. 零部件涂装验收

装配式钢结构的零部件涂装应符合相关标准要求。验收时应检查涂层外观，如有划痕、气泡、起皮等情况，应重新涂装或更换；同时，要检查涂层厚度是否达到要求。

4. 连接方式验收

装配式钢结构的连接方式应符合相关标准要求。验收时应检查连接件是否符合技术文件的规定，如螺栓紧固力是否符合要求、焊接是否牢固；同时，还需检查构件之间的间隙是否合适，是否存在锤击调整情况。

5. 防腐验收

装配式钢结构的防腐应符合相关标准要求。验收时应检查防腐层的厚度是否符合要求，并检查防腐层的表面是否存在脱落、龟裂、开裂等情况；同时，要对各个防腐接头进行查验，以确保其密闭性。

6. 设备安装验收

装配式钢结构的设备安装应符合相关标准要求。验收时应检查设备的安装位置、安装方式是否符合设计要求；同时，还需检查设备的接线是否正确、接地是否可靠、电气性能是否稳定等。

3.3.3 具体验收项目

1. 基础验收要点

1）基坑开挖：检查基坑开挖是否符合设计要求，土方工程是否满足规范要求，并核实放线情况。

2）基础混凝土浇筑：检查基础浇筑质量，包括混凝土强度、平整度、无裂缝等指标；同时确认钢筋是否按设计方案布置且连接牢固。

3）校核设计文件：验收人员需仔细审查所有与基础有关的设计文件，并做好记录。

2. 骨架搭设验收要点

1）锚固件安装：核对锚固件的型号、规格及数量，并检查其安装位置的准确性和垂直度。

2）焊接质量检查：仔细观察焊缝是否均匀、光滑，无气孔、裂缝等缺陷，同时要确保焊接符合相关规范。

3）钢结构安装：核对结构的位置和高度，并检查结构件的连接是否紧固，确认螺栓是否按规定拧紧。

3. 防火隔热层验收要点

1）防火工程：检查防火层施工质量，包括涂料的厚度均匀性、覆盖完整性以及与基材的附着力等方面，确保其防火效果。

2）隔热层施工：核实隔热材料种类和规格是否符合设计要求，同时确认其安装质量和密封性能。

3）保护层制作：验收人员需要检查保护层的施工工艺与质量，并确保保护层能够有效地延长使用寿命。

4. 吊装验收要点

1）起重设备：验证起重设备符合相关安全标准，如吊装绳索完好无损，并注意操作人员应持有相关上岗证书。

2）吊装计划：核对吊装计划文件，并与实际情况进行比对，确保吊装方案合理可行，避免发生意外事故。

3）吊装过程：检查施工现场的吊装操作情况，包括起重设备的使用、钢结构件的安全固定和行车道路清晰等。

5. 成品保护验收要点

1）防腐处理：确认钢结构防腐方式与设计要求一致，并核对涂料厚度是否符合规范。

2）表面处理：检查钢结构表面处理质量，如喷涂漆膜平整度、无色差、无缺陷等。

3）涂层状态：观察涂层保护性能及附着力是否符合要求，并注意是否存在鼓泡、剥落等问题。

综上所述，装配式建筑施工钢结构验收要点是确保施工质量和安全的关键。通过详细检查基础、骨架搭设、防火隔热层、吊装和成品保护等方面的细节，可以有效地避免质量问题和事故发生。在进行验收时，必须严格按照相关标准和规范执行，并做好记录，以备后续参考。

第**4**章
装配式木结构

4.1 装配式木结构概论

知识要点

1. 装配式木结构建筑介绍。
2. 装配式木结构中外发展概况。

能力目标

1. 了解装配式木结构建筑概念、优势和应用前景。
2. 了解装配式木结构面临的挑战和未来发展趋势。

4.1.1 装配式木结构建筑简介

1. 装配式木结构的定义

装配式木结构建筑是指建筑结构系统由木结构承重构件组成的装配式建筑。在我国，作为全球最大的碳排放国和拥有最完整工业体系的国家，在追求经济发展的同时，正努力应对经济转型、环境保护及气候变化等挑战。随着节能减排的需求日益增长，装配式建筑因其高效环保的特点受到了广泛关注。木结构建筑作为其关键部分，不仅促进了绿色建筑理念的推广，也有助于实现建筑材料资源的可持续利用和居住环境质量的提升。政府对此给予了高度重视，推出了一系列鼓励措施，为装配式木结构建筑的发展提供了政策支持，使其迎来了前所未有的发展机遇。

2. 装配式木结构的特点

现代装配式木结构以木材作为主要建筑材料，其建筑特点与原材料息息相关。木结构建筑作为一种历史悠久的建筑形式，以其取材方便、加工简便、自重较轻、便于运输和装拆等特点，在建筑领域中占据了重要位置。木材作为一种天然材料，在古代社会中就已经被广泛应用于各类建筑中。尤其是在中国，木结构建筑的发展历史更是悠久，从古代的简单木构架到现代的复杂木结构，木材都有着不可或缺的作用。

（1）装配式木结构的优点

木材作为一种传统的建筑材料，时至今日仍在全球范围内受到许多国家的青睐，主要因为它具有以下几个方面的优点：

1）木材资源是一种典型的可再生自然资源，其可持续性在于通过科学管理和种植策略，确保树木和植被能够在一个光照充足的环境中实现有序的生命周期。建立一套完善的木材采伐和利用机制，辅以严格的法律法规，可以有效保障木材作为建筑材料的供应，相较于现代建筑材料如混凝土、钢材等，其获取过程更为简便。木材的成熟周期通常为 50~100 年。伴随现代林业及木材加工技术的进步，快速成长的树种越来越多地被应用于建筑结构中，这不仅有助于降低传统木材作为建材的消耗速度，也显著缩短了林业资源的再生周期。

2）木材是一种绿色环保材料。研究表明，建设相同面积的建筑，木结构建筑的生态资源耗用指数最低。尽管林业生产过程中可能会造成一定的林区损失，但这种影响是暂时性的，通过树木的重新种植和森林资源的可持续管理，生态资源的影响得到了最大限度地减轻。考虑到整个生命周期内的能耗、温室气体排放、空气质量、水资源污染及固体废物处理等多个维度，木材无疑是绿色环保的选择。

3）木材做建筑材料具有质量轻、强度高的特点，并且木材的强度和密度与钢材相比并不逊色。它在同体积下比大多数金属轻，所以木结构建筑总质量要轻于其他结构类型的建筑物，受到地震等自然灾害危及时，木结构建筑所承受的冲击力相对较小，从而降低了潜在的损害风险。多项研究证实，木结构的整体结构体系相较于其他结构具有较好的塑性、韧性，因此在国内外历次强震中，木结构都表现出较好的抗震性能。

4）木材因其独特的细胞结构，拥有优异的保温隔热性能。在木材生长过程中形成的中空细胞结构，有效地减缓了热量的传递速度，使得木结构建筑在冬季能够保持温暖，在夏季则保持凉爽，提供了舒适的室内环境。这一特性使得木材成为理想的建筑材料，尤其适合追求节能和舒适居住体验的现代建筑设计。

5）木结构建筑建造方便。木材加工容易，可锯切成各种形状。木结构构件相对轻巧，运输和安装都较容易，尤其对于轻型木结构，建筑安装无需大型设备，建造时间大大缩短。

6）木结构建筑美观。木结构建筑的纹理自然，与人有很强的亲和力。住在木结构的建筑中使人有一种回归自然的感觉。

7）木结构在具有较好的防潮构造，合理的防火措施下具有较好的耐久性。中国五台山南禅寺大殿和佛光寺大殿等木结构建筑已有 1200 年左右的历史，这些古老的建筑至今依然坚固，证明了木结构建筑的耐久性。

（2）装配式木结构的缺点

木结构拥有着上述优点之外，同样存在着以下一些明显的缺点，这些缺点有时会影响木结构的应用，所以为了避免这些缺点对木结构使用的影响，必须进行技术上的合理设计，来完善建筑对于木结构的需求和使用。

1）木材作为木结构建筑的主要建筑原材料，存在着各向异性和一些天然缺陷。木材作为一种天然的建筑材料，其各向异性特性意味着在不同的方向上，其抗拉和抗压强度存在显著差异。木材生长过程中，木材的缺陷也会一定程度上影响它作为木结构建筑材料和建筑构件时的承载力。由于木材无法焊接，这使得构件连接变得更为复杂，并可能降低结构的整体效率。木材的强度按作用力性质、作用力方向与木纹方向的关系一般可分为：顺纹抗压及承压、横纹抗压、斜纹抗压、顺纹抗拉、横纹抗拉、抗弯、顺纹抗剪、横纹抗剪、抗扭等，并且不同种类木材结构差别非常大，其中顺纹抗压和抗弯的强度在众多木材种类中相对较高。因此木结构设计最好尽可能使构件承受压力，避免承受拉力，尤其要绝对避免横纹受拉。

2）木材的有机本质使其容易受到微生物的侵蚀，尤其是木腐菌。由于木腐菌的理想生长温度与人类的舒适温度相似，我们无法通过改变温度来限制它们的生长，因此控制湿度成为防止木材腐败的关键。干燥木材、改善建筑的通风条件和实施有效的防潮措施是必要的。对于特定部位，如与基础相连的木构件或经常暴露在外的构件，可以选择天然耐腐的木材种类，或者对其进行防腐处理。

3）虫害，特别是白蚁和甲虫，会对木结构造成严重破坏。考虑到不同地区的虫害种类不同，实施有效的防潮措施是减少虫害的基本做法。在必要时，应对木材进行专业的防虫处理。

4）木材是一种易燃材料，因此在木结构建筑的设计和建造中，防火安全是一个重要考虑因素。为了防止火灾的发生，需要采取一系列措施，包括保持足够的防火间距、设立安全的疏散路径及安装烟雾探测器等。

4.1.2 装配式木结构的发展概况

1. 木结构房屋的发展进程

木材作为建筑材料的应用可以追溯到人类早期的洞穴生活。原始社会的人们利用树枝和零散木材搭建简易的窝棚以遮风挡雨，这是人类利用木材进行建筑活动的萌芽阶段。随着社会的发展，木材的应用开始变得多样化。在古代中国，木材被广泛用于宫殿、庙宇、园林等建筑。与此同时，在中世纪欧洲，木材同样是主要的建筑材料之一，被用于建造房屋、教堂、城堡等。工业革命时期，木结构建筑的设计和施工技术得到了重大改进，新的加工技术和机械设备的应用，使得木材的生产、加工和运输变得更加有效，木结构建筑变得更具经济性和实用性。胶合木材的发明和应用进一步提升了木结构的强度和稳定性，使其能够用于更大型的建筑项目。进入20世纪后半叶，随着对环境和可持续性问题的关注加深，木结构建筑因其可再生、环保和节能的特性而受到青睐。现代木结构建筑在设计和施工技术上有了更大的进步，特别是在计算机辅助设计软件和数控机器的应用下，木结构建筑的复杂性和可持续性得到了提高，木材在建筑领域的应用变得更加广泛和深入。现代木结构建筑重视环保和可持续性，装配式木结构被越来越多地应用于绿色建筑的设计中。

装配式木结构行业在过去几年中得到了迅猛的发展。中国的装配式木结构行业市场规模在2015—2022年间实现了快速增长，市场规模从3.93亿元增长至149.54亿元。全球范围内，由于木材资源的丰富储备及成熟的装配技术，木结构装配式建筑市场规模达到了215.8亿美元。装配式木结构在未来将继续保持快速发展的势头，其市场规模将进一步扩大，技术水平也将得到显著提升。

2. 装配式木结构面临的挑战

大力发展装配式木结构建筑，一方面要转变大众和市场对木房屋的传统观念。由于受传统农村木屋印象的影响，人们总认为木结构房屋是既不坚固又非常简陋的木房子，然而现代木结构建筑已经融合了生态、环保、个性化和现代技术，提供了多功能的居住体验。此外，虽然短期内限制使用木材可以缓解供应压力，但这并不能从根本上解决木材短缺的问题。目前，木结构建筑在中国市场的接受度相对较低，需要时间和成功案例来推动消费者观念的变化。近年来，作为一种有效的建筑体系，适用于中低密度住宅和小型商用建筑的结构形式，轻型木结构住宅已在我国各地逐步得到开发商及部分高端业主的认可。

另一方面，为了确保木结构建筑的质量并实现标准化，需要建立一系列的法规和管理方法。这些法规和管理方法应当涵盖从设计、材料选择、施工到验收的全过程。首先，需要制定详细的木结构建筑设计标准，包括结构安全性、耐久性和环境适应性等方面的要求。其次，应建立严格的木材和其他建筑材料的质量控制体系，确保材料符合设计和安全标准。再次，施工过程中的质量控制同样关键，需要制定施工规程和操作标准，以及实施有效的现场监管和检查机制。最后，竣工验收阶段应依据既定的法规和标准进行，确保建筑质量达到预定目标。装配式木结构全过程生产落实的质量控制和标准化是行业发展的基础。如果缺乏统一的标准和严格的质量控制，可能会导致最终建筑质量良莠不齐，影响整个行业的健康发展。我国现有的有关标准与美国、加拿大及欧洲国家相比仍有较大差异，仍需在标准法规的建设层面寻求进步。

3. 装配式木结构的发展趋势

全球木结构建筑市场规模总体保持稳定的增长，新兴市场经济体的酒店住宿、商品零售等行业的持续发展，以及欧洲、美国、日本等地区装配式木结构住宅依然是行业增长的主要动力。得益于丰富的木材资源储备，以及更为成熟的木结构装配式建筑技术、地广人稀与独栋建筑保有量极高的优势，全球木结构装配式建筑市场主要集中在北美与欧洲地区，其次是亚洲的日本，近年来中国的木结构装配式建筑发展较为迅速，亚太地区规模有较为明显的提升。木结构装配式建筑有预生产、搭建快、健康环保等优点，还具有传统文化内涵，是绿色建筑的"顶配版"。随着我国经济的发展，以及林业、建材业的发展，木结构建筑将越来越多地被广泛采用，木结构建筑市场将会越来越大。目前我国木结构建筑的市场占有率较小，但是，随着木结构相关标准规范的发布实施和推广，木结构建筑发展政策的落实，木结构建筑市场运行机制的改革和完善，木结构建筑在建筑行业影响力的提升，木结构建筑在中国广阔的建筑市场中发展前景广阔。

木结构建筑的发展趋势主要在以下几个方面：

1）创新设计与可持续性。现代木结构建筑将更加注重创新设计和可持续性，通过结合多种材料和技术，以及采用先进的设计方法，创建更加独特、实用和环保的建筑。例如，使用可再生木材、竹材等绿色建筑材料，降低对环境的影响。

2）数字化与智能化。随着计算机技术和建筑信息模型（BIM）的发展，木结构建筑将更加精确地设计和建造，从而提高建筑的质量和效率。

3）功能与体验。木结构建筑越来越注重建筑的功能和体验。例如，在住宅建筑中，木结构建筑可以提供更加舒适和健康的居住环境；在公共建筑领域，木结构建筑可以通过其温暖而有吸引力的外观和快速的施工周期来满足功能和审美需求。

4）全球化与多元化。随着建筑业的全球化，木结构建筑将在不同的文化和地理环境中得到更广泛的应用和发展。

4.2 装配式木结构材料

 **知识要点**

1. 装配式结构用木材的种类。
2. 木材的物理特性和基本力学性能。
3. 影响结构木材强度的因素。
4. 木材等级、设计强度和测地木材强度的方法。

能力目标

1. 认识装配式结构用木材的种类。
2. 掌握木材的物理特性和力学性能。
3. 掌握影响木材强度的因素。
4. 了解如何测定木材强度的方法。
5. 掌握木材的设计强度和等级。

4.2.1 装配式结构用木材的种类

木构件的主要材料可分为天然木材和工程木制品两大类。

1. 天然木材

天然的木材按照结构用材可以分原木、方木、规格材。

原木是指树干经砍去枝杈、去除树皮的圆木。原木径级以梢径计，一般梢径为 80～200mm，长度为 4～8m。树干在生长过程中直径从根部至梢部逐渐变小，成平缓的圆锥体，有天然的斜率。选材时要求其斜率不超过 0.9%，即 1m 长度上直径改变不大于 9.0mm，否则将影响使用。

梢径在 200mm 以上的原木，一般被锯成板材或方木。截面宽度超过厚度 3 倍以上的称为板材，不足 3 倍的称为方木。板材厚度一般为 15～80mm，方木边长一般为 60～240mm。针叶树木材长度可达 8m，阔叶树木材长度在 6m 左右。方木和板材可按一般商品材规格供货，用户使用时可做进一步剖解，也可向木材供应商订购所需截面尺寸的木材，或用原木自行加工。

规格材又称为成品材，是指按照特定的尺寸和形状标准生产的木材，这些尺寸和形状已经适应了特定的建筑或制造用途。规格材包括但不限于板材、梁材、柱材等。规格材使用时不用再对截面尺寸行处理，有时按照实际的需求，会做长度方向的切断或者接长。为使用方便，《木结构设计标准》（GB 50005—2017）规定，当仅需满足构造要求时，截面尺寸在±2mm偏差范围内，可视作同类规格材使用目前，规格材主要应用于轻型木结构。轻型木结构用规格材截面尺寸（宽×高，尺寸单位为 mm）有 40×40、40×65、40×90、40×115、40×140、40×185、40×235、40×285、65×65、65×90、65×115、65×140、65×185、65×235、65×285、90×90、90×115、90×140、90×185、90×235、90×285。

《木结构设计标准》（GB 50005—2017）将常用针叶和阔叶树种的原木和方木（板材），分别划分为 4 个和 5 个强度等级，见表 4-1 和表 4-2。

表 4-1　针叶树种木材适用的强度等级

强度等级	组别	适用树种
TC17	A	柏木、长叶松、湿地松、粗皮落叶松
	B	东北落叶松、欧洲赤松、欧洲落叶松
TC15	A	铁杉、油杉、太平洋海岸黄柏、花旗松－落叶松、西部铁杉、南方松
	B	鱼鳞云杉、西南云杉、南亚松
TC13	A	油杉、新疆落叶松、云南松、马尾松、扭叶松、北美落叶松、海岸松
	B	红皮云杉、丽江云杉、樟子松、红松、西加云杉、欧洲云杉、北美山地云杉、北美短叶松
TC11	A	西北云杉、西伯利亚云杉、西黄松、云杉－松－冷杉、铁－冷杉、加拿大铁杉、杉木
	B	冷杉、速生杉木、速生马尾松、新西兰辐射松、日本柳杉

表 4-2　阔叶树种木材适用的强度等级

强度等级	适用树种
TB20	青冈、榈木、甘巴豆、冰片香、重黄娑罗双、重坡垒、龙脑香、绿心樟、紫心木、李叶苏木、双龙瓣豆
TB17	栎木、腺瘤豆、筒状非洲楝、蟹木楝、深红默罗藤黄木
TB15	锥栗、桦木、黄娑罗双、异翅香、水曲柳、红尼克樟
TB13	深红娑罗双、浅红娑罗双、白娑罗双、海棠木
TB11	大叶椴、心形椴

2. 工程木

天然木材的截面尺寸受到树干直径的影响而不可能很大，树干又是直线形，不能将其整体地弯曲，因此木结构构件的形式和承载能力受到了很大限制；天然木材又有许多自然缺陷，如节疤、斜纹等，它们会严重地影响木材强度；再则木材是珍贵的自然资源，提高其利用率是节约资源的关键。长期以来人们一直在寻找解决上述问题的方法，工程木的出现与应用，为解决这些问题提供了一条有效途径。

工程木的特点是强度性能可靠性高。相对于传统木质材料强度不明确、可靠性差而言，工程木有明确的强度保证。它能够制成任意大规格的部件，具有好的尺寸稳定性，价格相对较低，重量轻，且具有较高的耐火性能。但工程木也有缺点，比如与锯材相比，结构用集成材的价格较高。木结构建筑常用工程木产品见表 4-3。

表4-3 常用工程木产品

名称	特点与应用
层板胶合木	由同一方向的几层木板粘合而成，可以用尺寸较小的木料来组建大尺寸结构构件，可被加工成多种尺寸和造型，通常由冷杉、花旗松或云杉制成
正交胶合木	由多层木材正交叠放胶合而成，不论是横向还是纵向都有很强的承重能力，常用于建造结构墙和地板，通常由落叶松、云杉或松木制成
层板销接木	通过硬木销钉将软木板材紧密拼接在一起形成的厚板结构，是一种没有金属紧固件或黏合剂的全木质木材产品，常用于地板和屋顶平台的建造
层板钉接木	用钉子或螺钉将侧放的厚木板组合而成的结构板，无需专用设备即可生产，常用于地板和墙面的建造
单板层积材	由多层薄单板按照一致的纹理方向平行叠放在一起，然后用机械压合而成的工程木材，常用于梁柱的建造
平行木片胶合木	用胶水将彼此平行的木片连接而成的工程木，常用于建造承重量大的大跨度梁柱，主要由冷杉、松树或西部铁杉制成

4.2.2 木材的物理特性和基本力学性能

1. 木材的物理特性

下述木材的物理特性是指不包含缺陷的木材的物理特性。

（1）含水率

木材中水分存在的状态主要有三种：自由水、吸附水和化合水。自由水是指以游离态存在于木材细胞的胞腔、细胞间隙和纹孔腔这类大毛细管中的水分，包括液态水和细胞腔内水蒸气两部分。自由水对木材重量、燃烧性、渗透性和耐久性有影响，但对木材体积稳定性、力学、电学等性质无影响。吸附水是指以吸附状态存在于细胞壁中微毛细管的水，即细胞壁微纤丝之间的水分。吸附水的多少对木材物理力学性质和木材加工利用有着重要的影响。化合水是指与木材细胞壁物质组成呈牢固的化学结合状态的水。化合水分含量极少，而且相对稳定，是木材的组成成分之一。木材含水率是指木材中水分的质量与木材干质量的比，用百分比表示，按下式计算：

$$w = \frac{m - m_0}{m_0} \times 100\% \tag{4-1}$$

式中，w 为含水率（%）；m 为试样烘干前的质量；m_0 为试样烘干后的质量。

木材含水率通常用烘干法测定。主要步骤是先将木材试样称量获得烘干前质量 m；然后将试样置于烘干箱，在（103±2）℃的温度条件下烘干，24h 后每隔2h 用称量一次，当相邻两次的质量差小于规定的限值时即认为已达到全干状态，此时其质量即烘干后 m_0。测量木材含水率的另一种方法是电测法，利用木材电学性质（如电阻率、介电常数和损耗因素等）与木材含水率的关系，间接测量含水率。

1）平衡含水率。木材的含水率会随着周围空气的相对湿度和温度变化而调整，这种特性被称为吸湿性。吸湿性的本质是空气中水蒸气的压力随湿度和温度的变化。当空气中的水蒸气压力高于木材表面的水蒸气压力时，木材吸收水分，称为"吸湿"；相反，当木材表面的水蒸气压力高于空气中的水蒸气压力时，则发生"解湿"，即木材释放水分。如果环境的湿度和温度长时间保持恒定，木材表层的水蒸气压力最终会与外界环境平衡，此时的含水率即平衡含水率。木材达到平衡含水率的过程受树种、截面大小、堆放方式和通风状况等多种因素影响。

2）木材纤维的饱和点。细胞壁间的吸附水处于饱和状态而细胞腔无自由水时的木材含水率称纤维饱和点。在空气温度约为20℃，相对湿度为100%时，大多数木材纤维的饱和点含水率平均约为30%。大量的试验研究表明，木材纤维的饱和点是木材属性改变的转折点。当木材的含水率大于木材纤维的饱和点时，其强度、体积、导电性能等均保持不变；当含水率小于木材纤维的饱和点时，其强度、体积和导电性能均随之变化。含水率低，强度高，体积缩小，导电性降低；反之则强度降低，体积增大，导电性能增强。

（2）干缩与湿胀

当木材含水率低于木材纤维的饱和点时，随着水分的减少，木材会出现干缩现象，导致横截面和长度缩小，总体积也随之减少；与此相对，当木材吸收水分时会发生湿胀，即体积膨胀。干缩和湿胀都有一定的规律性，但干缩的程度通常大于湿胀，通常用线干缩率来衡量尺寸的变化，用体积干缩率来衡量体积的变化。干缩率分为气干干缩率和全干干缩率，前者指的是木材含水率从超过木材纤维的饱和点经过自然干燥至平衡含水率时的收缩比例，后者则是指完全干燥至无水分状态时的收缩比例。具体的计算公式如下：

气干线干缩率

$$\beta_{\mathrm{w}} = \frac{l_{\max} - l_{\mathrm{w}}}{l_{\max}} \times 100\% \tag{4-2}$$

全干线干缩率

$$\beta_{\max} = \frac{l_{\max} - l_0}{l_{\max}} \times 100\% \tag{4-3}$$

气干体积干缩率

$$\beta_{\mathrm{vw}} = \frac{V_{\max} - V_{\mathrm{w}}}{V_{\max}} \times 100\% \tag{4-4}$$

全干体积干缩率

$$\beta_{\mathrm{vmax}} = \frac{V_{\max} - V_0}{V_{\max}} \times 100\% \tag{4-5}$$

式中，$l_{\max}$、l_{w}、l_0分别为木材试样在湿材、气干和全干状态下的尺寸；$V_{\max}$、V_{w}、V_0分别为木材试样在上述三种状态下的体积。

对于同一树种而言，不同切面的线干缩率存在显著差异。纵向干缩率最低，通常在0.1%左右；弦向最高，可达6%~12%；径向则处于中间水平，约3%~6%，相当于弦向的1/2~2/3。这种差异是木材干裂的一个重要原因。

（3）木材的密度

木材密度定义为其单位体积内所含物质的质量。考虑到含水率的不同会导致体积和质量的变化，木材的密度可以细分为气干密度 ρ_w、全干密度 ρ_0 和基本密度 ρ 三种，分别由下列各式计算：

$$\rho_w = \frac{m_w}{V_w} \tag{4-6}$$

$$\rho_0 = \frac{m_0}{V_0} \tag{4-7}$$

$$\rho = \frac{m_0}{V_{max}} \tag{4-8}$$

式中，m_w、m_0 分别为木材试样在气干和全干状态下的质量（g）；V_{max}、V_w、V_0 分别为木材试样的湿材、气干和全干下的体积（mm^3）。

同树种木材的基本密度在数值上相对稳定，因此它可以作为一个重要的指标来判断树种。

2. 木材的基本力学性能

下述木材的基本力学特性是指不包含缺陷的木材，即清材的基本力学特性。

（1）木材的抗拉性能

木材在顺纹方向具有较高的抗拉强度，而在横纹方向的抗拉强度较低。因此在木结构设计和施工中，应该特别注意避免木材横纹受拉的情况。

（2）木材的顺纹抗压性能

在实验观察中发现，当木材沿纹理方向承受压力时，纤维可能发生弯曲，导致试样表面出现皱纹和塑性形变，且应力与应变之间的关系呈现非线性特征。木材的抗压强度通常是抗拉强度的 40% ~ 50%。

木材在压缩状态下能够展现塑性变形，这使得缺陷对其抗压能力和抗拉能力的影响不尽相同。当压力集中超过一定程度，木材会通过塑性变形来重新分配应力，减轻了应力集中的负面影响。此外，木材中的裂缝和空洞在受压时可能变得更加紧密，降低了它们对材料性能的负面效应。因此，尽管清材试样的测试结果可能表明木材的抗拉强度优于抗压强度，但在实际应用中，结构用木材的抗压性能往往比抗拉性能更出色。

（3）木材的抗弯性能

在清材弯曲试验中，破坏模式始于受压侧边的纤维失稳和起皱。随着负载的逐步增加，失稳区域逐渐扩展至截面的中和轴附近，直至受拉侧边的木纤维被拉伸到极限，引发断裂，从而达到材料的极限弯矩值 M_u。其极限抗弯强度 f_{mu} 为

$$f_{mu} = \frac{M_u}{W} \tag{4-9}$$

式中，W 为截面的抵抗矩。

根据式（4-9）得出的抗弯强度位于同树种清材试件的极限抗压强度 f_{cu} 和极限抗拉强度

f_{tu} 之间。木材的抗拉强度最强，其次是抗弯强度，而抗压强度最弱。

需要注意的是，通过清材试件测定的极限弯矩所反映的木材抗弯强度是一个理论上的估计值，它仅适用于纯弯曲状态下的矩形截面试件。对于其他类型的截面形状（如工字形、圆形）或者即使同样是矩形截面但在偏心受力的情况下（无论是受压还是受拉），这种抗弯强度的计算方式并不适用。这是因为这些情况下，应力分布和受力特性与纯弯曲截面有所不同，因此无法简单地用上述公式来表示其抗弯强度。

（4）木材的承压性能

木材承压涉及两个构件接触时在其界面上传递负荷的过程。接触面上的应力称为承压应力，木材抵抗这种作用的能力则定义为承压强度。根据承压方向与木纹方向的不同，可分为顺纹承压、横纹承压和斜纹承压，如图 4-1 所示。这些分类基于接触面的粗糙程度及木材纹理与压力方向的相对位置。

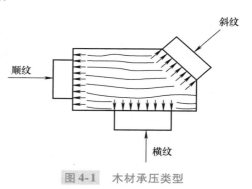

图 4-1　木材承压类型

顺纹承压强度略低于顺纹抗压强度，但由于差异微乎其微，通常在实践中不予区分。横纹承压能力按照承压面积占木材面积进行分类，可以分为全表面承压和局部承压。局部承压能力又可以分为局部长度和局部宽度的承压。木材横纹承压能力的分类如图 4-2 所示。

在全表面横纹承压的情况下，应力 – 变形曲线如图 4-3 所示，初始阶段呈线性关系，反映了细胞壁的弹性压缩阶段；当承压应力达到某个阈值后，变形迅速增加，曲线出现一个明显的拐点，即比例极限，这是细胞壁失去稳定性和开始压扁的结果；此后，承压应力可以继续上升，但变形的增长速度放缓，形成另一个拐点，即硬化点。在工程应用中，为了避免过度变形，通常采用比例极限作为衡量承压强度的标准。

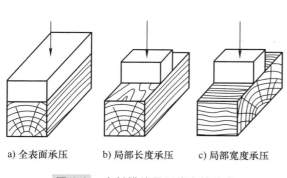

a) 全表面承压　　b) 局部长度承压　　c) 局部宽度承压

图 4-2　木材横纹承压能力的分类

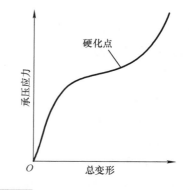

图 4-3　木材横纹承压应力 – 变形曲线

局部横纹承压与全表面横纹承压具有相似之处。在处理木材局部横纹长度的承压时，不仅承压接触面会分散压力，承压面两侧的木纤维也会受到拉力影响，进而向周围扩散，增强承压效果。实验表明，只有当承压长度不超过 200mm 时，才能显著提高承压强度，且这种提升与承压长度的相对比例有关。一旦木材总长度与承压长度的比值 $L/L_\alpha \geqslant 3$，承压强度将趋于稳定。

木材的斜纹承压强度随承压应力的作用方向与木纹的夹角 α 不同而变化，$\alpha = 0°$ 时为横纹承压强度 f_c；$\alpha = 90°$ 时为横纹承压强度 f_{c90}；α 介于中间时，《木结构设计标准》（GB 50005—2017）用下式计算其斜纹承压强度（$\alpha \leqslant 10°$ 时取 $f_{c\alpha} = f_c$）

$$f_{c\alpha} = \frac{f_c}{1 + \left(\dfrac{f_c}{f_{c90}} - 1 \right) \dfrac{\alpha - 10°}{80°} \sin\alpha} \tag{4-10}$$

国外结构设计规范通常使用 Hankinson 公式，即

$$f_{c\alpha} = \frac{f_c f_{c90}}{f_c \sin^2\alpha + f_{c90} \cos^2\alpha} \tag{4-11}$$

需要注意的是两者计算结果存在一定的差异性。

（5）木材的抗剪性能

木材的受剪形式主要包括顺纹受剪、横纹受剪和成角度受剪。图 4-4 展示了前两种情况，而成角度受剪的情况则是剪力与木纹呈 α 角。在横纹受剪的情形中，剪力方向与木纹垂直，且木纹与剪切面平行。尽管在某些工程应用中可能会遇到剪切面与木纹垂直的情况，但这种情况下的抗剪强度较高，不足以构成安全隐患。

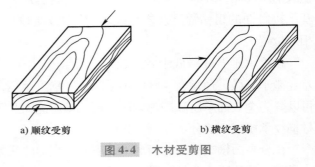

a) 顺纹受剪　　　　b) 横纹受剪

图 4-4　木材受剪图

这三种受剪形式在破坏时都表现出明显的脆性特征，通常在没有明显变形的情况下突然发生断裂。顺纹抗剪强度高于横纹抗剪强度，而成角度的抗剪强度位于两者之间。剪切面较短时，剪应力分布较为均匀；相反，如果剪切面较长，则分布不均的现象较为严重。

在实际操作中，除了剪应力之外，还会涉及剪力端部产生的拉应力，其可能导致木材横纹部分发生撕裂。为了预防这一问题，工程上通常会在木桁架的端节点设计一定的斜度，利用轴力 M 的竖向分量对剪切面端部施加压力，从而有效避免木材横纹的撕裂。

（6）木材的弹性模量

木材的弹性模量受到树种和含水率的影响，其中顺纹抗压和顺纹抗拉弹性模量大致相同。木材的抗弯弹性模量通常比顺纹拉、压弹性模量低约 10%。值得注意的是，抗弯弹性模量的测量结果取决于测试过程中是否考虑了剪切变形的影响。如果测试包含了剪切变形，所得的抗弯弹性模量被称为表观弹性模量；如果没有包含剪切变形，那么它被称为纯弯曲弹性模量，后者略高。在设计规范中，通常使用表观抗弯弹性模量，也称为抗弯弹性模量或弹性模量。在结构变形计算中，顺纹抗拉、抗压与抗弯弹性模量通常视为相同，但在需要精确计算承载力或单独考虑弯曲与剪切变形时，应使用纯弯曲弹性模量，这时可以将规范中的弹性模量上调 3%～5%。木材横纹弹性模量分为径向 E_R 和切向 E_T 两种，这两种模量也会因树

种而异。

（7）木材的破坏准则要求

在探讨木材在平面应力状态下的强度问题时，先引入破坏准则的概念。前已提及，斜纹承压实际上也是一种平面应力作用，这是因为可以借助转角轴公式，将与木纹呈 α 角作用下的压应力 σ_α 分解为平行于木纹的压应力 σ_0、垂直于木纹的压应力 α_{90} 及剪应力 τ。

对于木材可采用 Tsai – Wu 准则，写成下列形式：

$$\frac{\sigma_0}{f_{t0}f_{c0}} + 2k_2\sigma_0\sigma_{90} + \frac{\sigma_{30}^2}{f_{t90}f_{c90}} + \frac{\tau^2}{f_v} + \left(\frac{1}{f_{t0}} - \frac{1}{f_{c0}}\right)\sigma_0 + \left(\frac{1}{f_{t90}} - \frac{1}{f_{c90}}\right)\sigma_{90} = 1 \tag{4-12}$$

式中，σ_0 和 σ_{90} 分别为平行和垂直于木纹方向的应力，拉力为正，压力为负；f 为木材的强度，其下角标 t、c、v 分别为拉、压、剪等受力形式；小角标 0、90 分别为与木纹呈 0° 和 90° 的方向。

式（4-12）中，k_2 为常数：

$$k_2 = k(f_{t0}f_{t90}f_{c0}f_{c90})^{-0.5}$$

式中，k 为系数，取 $-1 \leqslant k \leqslant 0$。

目前使用较多的计算式为

$$\left[\left(\frac{\sigma_0}{f_0}\right)^2 + \left(\frac{\sigma_{90}}{f_{90}}\right)^2 + \left(\frac{\tau}{f_v}\right)^2\right]^{0.5} \leqslant 1.0 \tag{4-13}$$

式中，f_0、f_{90} 分别为木材平行和垂直于木纹的抗拉或抗压强度，与应力对应。

4.2.3　影响结构木材强度的因素

结构木材是指用于制作木材结构的木材。与上节所说的清材不同，结构木材存在各种天然或人为造成的缺陷。影响结构木材强度的因素主要有含水率、缺陷、荷载持续时间、尺寸效应、荷载分布形式和温度等。

1. 木材的含水率

在对木材做试验时，当木材含水率达到木材纤维的饱和点后，其强度和弹性模量不再受含水率影响；而在含水率低于此饱和点时，含水率越低，强度和弹性模量越高。这种影响在不同强度方面有所差异，对抗压和抗弯强度的影响最为显著，对抗剪强度的影响较小，对抗拉强度影响最小。研究显示，对于不同质量等级的木材，含水率的影响程度各异。强度低木材的含水率影响不大，缺乏明显的规律性；强度高木材则表现出含水率的变化对强度有显著影响，与清材的影响模式相近。

2. 木材的缺陷

结构木材上的缺陷随机出现，其严重性和分布位置均不同，这直接影响到木材的强度。

3. 木材的荷载持续时间

由于木材具有黏弹性，荷载持续时间对其变形和强度产生显著影响。长时间加载会导致木材强度下降和变形增加，但只有当应力超过持久强度时，才会引发破坏。

4. 木材尺寸效应

木材内部存在亚微观和宏观层面的损伤，如组织间的裂隙、木节和局部裂纹等。荷载分布的形式不同，会对木材构件的强度产生影响，特别是当荷载集中在构件的某些区域时，这些区域的强度会降低，反映出尺寸效应的问题。

4.2.4 测定木材强度的方法

《木结构设计标准》规定，原木和方木（含板材）采用清材小试件的试验结果作为确定结构木材设计强度取值的原始依据。

清材是指无木节、纤维走向无倾斜、无开裂等任何缺陷的木材。木材的物理力学试验要求采用清材制作顺纹受拉、顺纹受压、受剪和横纹承压等小尺寸的标准试件（clear wood，或者 small clear specimen）。我国规定的各类清材小试件的几何形状及其尺寸如图4-5所示，拉、弯弹性模量试件形式与其强度试件相同，抗压弹性模量试件为 20mm×20mm×60mm 的棱柱体。试件制作时采用气干木材，制作好后保持含水率在12%左右。

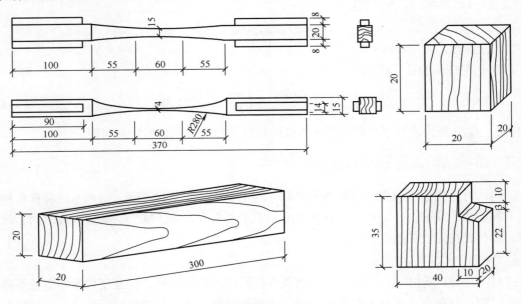

图4-5　清材的尺寸标准

大量的清材小试件试验结果表明，其强度、弹性模量等基本符合正态分布，因此可用正态分布的统计参数来描述它们的特性。大量的足尺试验结果表明，结构木材的强度（拉、压、弯）符合韦伯分布（极值Ⅲ型分布），接近对数正态分布。因此，与清材小试件的强度符合正态分布相比，在相同的保证率（95%）下其强度取值有较大差别。

4.2.5 木材等级和强度

《木结构设计标准》将承重结构用木材分为原木、锯材（方木、板材、规格材）和胶合用材。用于普通木结构的原木、方木和板材分为Ⅰₐ、Ⅱₐ和Ⅲₐ三级；胶合木构件的材质等级分为Ⅰᵦ、Ⅱᵦ和Ⅲᵦ三级，上述两种木材均可采用目测法分级。轻型木结构用规格材分为目测分级规格材和机械分级规格材，目测分级规格材的材质等级分为Ⅰ𝒸、Ⅱ𝒸、Ⅲ𝒸、Ⅳ𝒸、

II_{c1}、III_{c1}、IV_{c1} 七级，机械分级规格材按强度等级分为 M_{10}、M_{14}、M_{18}、M_{22}、M_{26}、M_{30}、M_{35}、M_{40} 八级。

4.3 装配式木结构设计

知识要点

1. 木结构设计基本要求。
2. 基于可靠性理论的极限状态设计法。
3. 承载力极限状态和木材强度设计值。
4. 正常使用极限状态和木材弹性模量取值。

能力目标

1. 掌握木结构设计基本要求。
2. 掌握基于可靠性理论的极限状态设计方法。
3. 掌握承载力极限状态和木材强度设计值的相关要求。
4. 了解正常使用极限状态和木材弹性模量取值的相关要求。

4.3.1 木结构的设计要求和方法

1. 一般规定

一般规定是指我国木结构建筑在设计和施工中应该遵循的最基本的规定。

1）尽管我国的木结构历史悠久，但是木结构体系在北美、欧洲等地使用要比在我国使用广泛，目前我国建造的木结构主要是指由木构架墙、木楼面及木屋面体系构成的居住建筑，由于缺乏建筑经验，目前应用范围主要限值在 3 层或者 3 层以下的居住建筑。

2）木结构中所采用的各种材料及木产品需要符合规定。材料的好坏直接影响结构的安全性，木材均匀性差，含水率、树种及气候等因素都会对木材的性能产生影响。除此之外，我国国产木材较少，主要还是依靠于进口，由于不同进口渠道的材料规格标准不同，尺寸换算时会出现误差，最终会对安装产生影响，所以不同规格系列不得混用。因此，所有的结构材料都必须要有相应的等级标识和证明，质量应满足相关要求。

3）采用木结构建筑时，应满足当地自然环境和使用环境对建筑物的要求。并应采用可靠措施防止木结构腐朽和虫蛀，保证结构达到预期的寿命要求。

木材用于建筑材料时必须采取可靠的措施防止其腐朽。一般木材腐朽需同时满足四个条件：充足的氧气、适当的温度（20℃左右）、足够的湿度和木材腐朽所需的营养。因此，需采取适当措施防止木材腐朽。上述四种因素中，只有湿度在设计时可通过采取一定的构造措施及利用人工设备来保证；此外将一定的化学物质通过压力渗透办法对木材进行处理，可以达到防腐、防虫（主要是白蚁）的目的。

4）木结构的平面布置宜规则，质量、刚度变化宜均匀。所有构件之间应有可靠的连接和必要的锚固、支撑，保证结构的强度、刚度和良好的整体性。

与其他建筑材料的结构相比，木结构质量较轻，具有较好的抗震性能；同时，木结构是一种具有高次超静定的结构体系，使结构在地震作用、风荷载作用下具有较好的延性。尽管如此，当建筑不规则或有大开口时，会引起结构刚度、质量的分布不均匀。质量或刚度的非对称性必然会导致建筑物质心和侧向力作用点不重合，因此，在风荷载和地震作用等侧向力作用下建筑物将绕质心扭转，这对建筑物受力极为不利。此外，轻型木结构是依靠结构主要受力构件和次要受力构件共同作用的结构受力体系，超静定次数多，如果结构布置非对称，将对结构分析带来很大的复杂性。因此，设计时尽可能采用经过长期实践证明的可靠构造措施，以保证结构的安全性和可靠性。

2. 设计要求和方法

按照北美木结构的设计经验，有两种方法。一种为工程计算设计方法。这一设计概念的含义在于结构构件、连接等需按照相关的荷载规范、抗震规范计算所受到的内力，然后通过计算确定构件截面和连接。另一种为基于经验的构造设计法。这种设计方法的含义在于当一栋建筑物满足按照构造设计法进行设计的要求时，它的抗侧力可不必计算，而是利用结构本身具有的抗侧力构造体系来抵抗侧向荷载，这内在的抗侧力来自于结构密置的墙骨柱、墙体顶梁板、墙体底梁板、楼面梁、屋面椽条及各种面板、隔墙的共同作用。无论哪一种设计方法，结构的竖向承载力均需通过计算确定。

（1）工程计算设计法

按照规定计算出作用在建筑物上的各种水平荷载和竖向荷载，用力学分析方法计算出各种构件包括密置的墙骨柱、墙体顶梁板、墙体底梁板、楼面梁、屋面椽条、桁架、剪力墙等的内力及节点受力，然后按照构件和连接的计算方法进行构件、连接计算和设计。水平荷载通过水平的楼屋面板和竖向的剪力墙承受，再传递到基础上。

（2）构造设计法

轻型木结构当满足以下规定时，可按照构造要求进行结构设计，而无须通过内力分析和构件计算确定结构抗侧能力。

1）建筑物每层面积不超过 $600\mathrm{m}^2$，层高不大于 3.6m。

2）抗震设防烈度为 6 度、7 度（0.10g）时，建筑物的高宽比不大于 1.2；抗震设防烈度为 7 度（0.15g）和 8 度（0.2g）时，建筑物的高宽比不大于 1.0。此处所述的建筑物高度是指室外地面到建筑物坡屋顶的 1/2 处的高度。

3）楼面活荷载标准值不大于 2.5kPa；屋面活荷载标准值不大于 0.5kPa。

4）构造剪力墙的设置应符合如下规定：单个墙段的高宽比不大于 2；同一轴线上墙段的水平中心距不大于 7.6m；相邻墙之间横向间距与纵向间距的比值不大于 2.5；墙端与离墙端最近的垂直方向的墙段边的垂直距离不大于 2.4m；一道墙中各墙段轴线错开距离不大于 1.2m。

5）构件的净跨度不大于 12.0m。

6）除专门设置的梁和柱外，轻型木结构承重构件的水平中心距不大于 600mm。

7）建筑物屋面坡度不小于 1:12，也不大于 1:1；纵墙上檐口悬挑长度不大于 1.2m；山墙上檐口悬挑长度不大于 0.4m。

在木结构中，如果建筑物规模、细部构造及受力等方面不满足上述规定，则结构不能按照构造设计法承担侧向荷载，必须通过工程计算法设置剪力墙及楼、屋面板来承担侧向荷载。

4.3.2　正常使用极限状态和木材弹性模量取值

1. 正常使用极限状态

正常使用极限状态采用近似概率法设计，由于它不直接涉及结构安全，可以接受较大的失效概率，《建筑结构可靠性设计统一标准》（GB 50068—2018）规定，可靠指标 β 为 0 ~ 1.5，失效概率大致为 0.0668 ~ 0.5。木结构受弯构件 β 取为 1.5。对正常使用极限状态，结构构件应按荷载效应的标准组合，采用下列极限状态设计表达式：

$$S_d \leq C \tag{4-14}$$

式中，S_d 为正常使用极限状态下作用组合的效应设计值；C 为设计对变形、裂缝等规定的相应限值。

受弯构件的挠度限值应按照表 4-4 的规定采用

表 4-4　受弯构件挠度限值

项次	构件类别			挠度限值 $[\omega]$
1	檩条	$l \leq 3.3m$		$l/200$
		$l > 3.3m$		$l/250$
2	椽条			$l/150$
3	吊顶中的受弯构件			$l/250$
4	楼盖梁和搁栅			$l/250$
5	墙骨柱	墙面为刚性贴面		$l/360$
		墙面为柔性贴面		$l/250$
6	屋盖大梁	工业建筑		$l/120$
		民用建筑	无粉刷吊顶	$l/180$
			有粉刷吊顶	$l/240$

注：1. l 为受弯构件的跨度。

2. 对于有悬挑部分的檩条、椽条、搁栅和梁，其悬挑部分的跨度应取 2 倍的悬臂长度。

3. 轻型木桁架的挠度应符合《轻型木桁架技术规范》（JGJ/T 265—2012）第 4.2.2 条的规定。

对于正常使用极限状态，受弯构件的挠度验算应采用荷载标准组合，并考虑长期作用的影响。构件刚度一般可取跨中最大弯矩截面的刚度；对于原木构件的挠度计算，可取构件的中央截面。

2. 木材的弹性模量

木材弹性模量是一种材性指标，一般可以在正常使用极限状态下对结构构件变形进行验算。《木结构设计标准》给出了方木、原木、普通层板胶合木和胶合原木等不同木材的弹性模量。木材定级方法不同，其弹性模量的变异系数也会有所差异。

一方面，由于原木大多是没有经过锯解加工的，因此保持了木纤维原有的连续性，所以即使是在同等荷载作用效应下，原木檩条的挠度也要比半圆木或方木檩条的小。这样原木的弹性模量就允许比规定值提高15%。另一方面，结构所处的工作环境条件对木材弹性模量也会有不同程度的影响，因此弹性模量也会做出相应调整，例如在露天环境下，木材的弹性模量要取0.85的调整系数。

4.3.3　基于可靠性理论的极限状态设计法

结构基于可靠性理论的极限状态设计法，其极限状态分为承载力极限状态与正常使用极限状态两类。

1. 结构可靠度的概念

结构可靠度是结构可靠性的定量指标，它被定义为结构在规定的时间内，在规定的条件下，完成预期功能的概率，这个概率称为可靠概率 P_s，反之，不能完成预期功能的概率称为失效概率 P_f，显然 $P_f + P_s = 1$。我们假设结构功能用函数 Z 来表示，它受结构抗力 R 和作用效应 S 控制，若二者均服从正态分布的随机变量，则函数 Z 可表达为

$$Z = g(R,S) = R - S \tag{4-15}$$

当结构处于极限状态时函数为

$$Z = R - S = 0 \tag{4-16}$$

式（4-16）称为结构极限状态方程，当 $Z < 0$，结构处于失效状态，不能满足功能要求；$Z > 0$，结构处于可靠状态，能满足功能要求。

结构抗力 R 和作用效应 S 均为随机变量，结构功能函数 Z 也是随机变量。由数理统计与概率论可证明，当 R、S 为正态分布时，其统计参数分别为 $R(\mu_R, \sigma_R)$ 和 $S(\mu_S, \sigma_S)$，亦为正态分布，统计参数为 (μ_Z, σ_Z)。因此，用抗力与作用效应各自的平均值 μ_R、μ_S 计算函数 Z 时其值不是定值，而是落在以平均值 $\mu_Z = \mu_R - \mu_S$ 为中心的、理论上为 $(-\infty, +\infty)$ 的区间，但偏离平均值 μ_Z 越远的取值出现的频数越少。假定 Z 取值在 0 值以下（不包括 0）的概率为 P_f，则对于正态分布，取值为 0 的点距平均值 μ_Z 的距离为 $\beta\sigma_Z$，如图 4-6 所示。

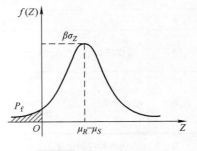

图 4-6 $f(Z) - Z$ 曲线

由 $Z = R - S = 0$ 可知，$Z < 0$ 为结构处于失效状态，因此这时的 P_f 即失效概率。因此，结构在可靠概率 $1 - P_f$ 下，其功能函数取值为

$$Z > \mu_R - \mu_S - \beta\sigma_Z = 0 \tag{4-17}$$

式中，β 称为可靠度指标。由于 $\sigma_Z^2 = \sigma_R^2 + \sigma_S^2$，由式（4-17）可得结构可靠度指标 β 的计算公式为

$$\beta = \frac{\mu_R - \mu_S}{\sqrt{\sigma_R^2 + \sigma_S^2}} \qquad (4-18)$$

可靠度指标 β 和失效概率 P_f 就是这样联系起来的，两者一一对应，即规定了失效概率 P_f，就规定了 β 值，反之亦然。两者的关系取决于功能函数 Z 的分布规律，函数 Z 为正态分布时的 β 与 P_f 的对应关系见表 4-5。

表 4-5　可靠度指标与失效概率的对应关系

β	P_f	β	P_f	β	P_f
1.0	1.59×10^{-1}	2.5	6.21×10^{-3}	4.0	3.17×10^{-5}
1.5	6.68×10^{-2}	3.0	1.35×10^{-3}	4.5	3.40×10^{-6}
2.0	2.28×10^{-2}	3.5	6.21×10^{-4}	5.0	2.90×10^{-7}

2. 目标可靠度

《建筑结构可靠性设计统一标准》（GB 50068—2018）根据国际上可靠度指标取值情况，考虑我国国民经济情况和与以前各种结构设计规范的安全性相衔接，类比各行业安全事故年发生率，规定了不同安全等级的房屋和结构构件不同破坏性质的结构可靠度指标，又称为目标可靠度，见表 4-6。我国建筑的设计基准周期为 50 年，对表 4-8 中规定的失效概率除以 50 为年失效概率。如对安全等级为二级的一般建筑物，若延性破坏，则年均失效概率为 1.36×10^{-5}，比交通工具中年失效概率最低的飞机失效概率 1.0×10^{-5} 要高一些。需说明的是，房屋结构失效是功能失效，并不一定是安全伤亡事故或房屋倒塌，而飞机失事往往伴随着人员伤亡。

表 4-6　国家标准对设计基准期为 50 年的结构目标可靠度指标 β_0 的规定及重要性系数 γ_0

破坏类型	安全等级					
	一		二		三	
	β_0	P_f	β_0	P_f	β_0	P_f
延性	3.7	1.0×10^{-4}	3.2	6.8×10^{-4}	2.7	3.4×10^{-3}
脆性	4.2	1.3×10^{-5}	3.7	1.0×10^{-4}	3.2	6.8×10^{-4}
重要性系数 γ_0	1.10		1.0		0.90	

4.3.4　承载力极限状态和木材强度设计值

1. 承载力极限状态的分项系数表达式

将 $Z > \mu_R - \mu_S - \beta\sigma_Z = 0$ 转化为分项系数表达式，得

$$\mu_R - \mu_S = \beta\sigma_Z = \beta\sqrt{\sigma_R^2 + \sigma_S^2} = \beta\sigma_Z \frac{\sigma_R^2 + \sigma_S^2}{\sigma_Z^2} \qquad (4-19)$$

$$\mu_S + \beta\frac{\sigma_S^2}{\sigma_Z} = \mu_R - \beta\frac{\sigma_R^2}{\sigma_Z} \qquad (4-20)$$

取作用效应变异系数 $V_S = \dfrac{\sigma_S}{\mu_S}$，抗力变异系数 $V_R = \dfrac{\sigma_R}{\mu_R}$，并设抗力标准值 $R_k = \mu_R（1 - \alpha_R V_R）$，作用效应标准值 $S_k = \mu_S（1 + \alpha_S V_S）$，其中 α_S 和 α_R 分别为抗力和荷载作用效应具有一定保证率的分位值，与它们的分布函数形式有关。

上面的分项系数表达式可以转化为

$$S_k\left(1 + \beta\,\frac{V_S\sigma_S}{\sigma_Z}\right)\frac{1}{1 + \alpha_S V_S} = R_k\left(1 - \beta\,\frac{V_R\sigma_R}{\sigma_Z}\right)\frac{1}{1 - \alpha_R V_R} \tag{4-21}$$

令荷载作用分项系数为

$$\gamma_{SF} = \frac{1 + \beta\,\dfrac{V_S\sigma_S}{\sigma_Z}}{1 + \alpha_S V_S} \tag{4-22}$$

抗力分项系数为

$$\gamma_R = \frac{1 - \alpha_R V_R}{1 - \beta\,\dfrac{V_R\sigma_R}{\sigma_Z}} \tag{4-23}$$

则上面的分项系数就可以继续简化写成承载能力极限状态分项系数设计表达式的原始形式，即

$$S_k\gamma_{SF} = \frac{R_k}{\gamma_R} \tag{4-24}$$

由原始形式可以看出，多系数极限状态设计法中各系数，或容许应力设计法中的安全系数，已被结构抗力分项系数和作用效应分项系数所代替。此外，由式（4-22）和式（4-23）可以看出，两分项系数 γ_R 和 γ_{SF} 是建立在可靠度指标 β 及抗力和作用效应的变异性基础之上的，这与由经验确定的多系数或安全系数存在本质区别。

我国基于《建筑结构可靠性设计统一标准》（GB 50068—2018），对荷载作用效应分项系数做了明确规定，并以安全等级二级为基础，用一个附加的结构重要性系数 γ_0 来对荷载效应分项系数进行修正，使适应性得到提升，以此来规定一、二级安全等级的结构，见表4-6。

荷载作用分项系数和抗力分项系数都是建立在它们的标准值基础之上的。对于由单一材料组成的钢结构、木结构，可令抗力设计值或承载力计算值为

$$R = \frac{R_k}{\gamma_R} = \frac{R(f_k \cdot A_k)}{\gamma_R} = R\left(\frac{f_k}{\gamma_R}A_k\right) \tag{4-25}$$

式中，$R(\quad)$ 为抗力函数；f_k 为材料强度标准值；A_k 为材料截面几何参数。
再令荷载效应基本组合为

$$S = S_k \cdot \gamma_{SF} \tag{4-26}$$

则结合结构重要性系数 γ_0，分项系数的原始形式就可写成结构承载力极限状态的设计表达式，即

$$\gamma_0 S \leqslant R \tag{4-27}$$

抗力分项系数也被称为材料强度分项系数。一般来说，构件抗力与材料强度呈线性关系。因此，对于由单一材料组成的钢结构、木结构，上面的抗力设计值或承载力计算值又可写成

$$R = \frac{f_k}{\gamma_R} R(A_k) \tag{4-28}$$

式中，$R（A_k）$ 可称为抗力截面系数，如抗弯截面系数 W、截面面积 A、惯性矩 I、面积矩 M 等。

所以结构承载力极限状态的设计表达式又可以写成

$$\frac{\gamma_0 S}{R(A_k)} \leqslant \frac{f_R}{\gamma_R} = f \tag{4-29}$$

式中，f 为材料强度设计值。这一计算法在形式上与容许应力设计法有很多相似之处，但为了避免产生混淆，本书将按式 $\gamma_0 S \leqslant R$ 的形式对木结构的设计原理进行叙述。

2. 荷载分项系数

结构所承受的荷载有可变荷载和永久荷载之分，可变荷载又包括雪荷载、风荷载、楼面荷载和施工荷载，可能还有偶然的地震作用等。而这些荷载对应的分布函数是各不相同的，因此用一个统一的荷载作用效应分项系数 γ_{SF} 不能将不同荷载类型的不定性对结构可靠指标产生的影响进行表达，基于这种考虑，给不同荷载类型设置不同的分项系数就显得很有必要。

当有数个可变荷载同时作用时，还应给出它们的组合系数，因为这些可变荷载同时达到标准值的可能性就更小了。为简单说明原理，取永久荷载和仅有一种可变荷载的情况加以说明。假设作用效应符合线性叠加原理，则有

$$S = S_G + S_Q = C_G G + C_Q Q \tag{4-30}$$

式中，C_G、C_Q 分别为永久荷载和可变荷载的作用效应系数。

不过有一点需要注意，G、Q 是随机变量，所以作用效应就是随机函数。假定 G、Q 均符合随机正态分布，则作用效应的平均值 μ_S 和标准差 σ_S 分别为

$$\begin{cases} \mu_S = C_G \mu_G + C_Q \mu_Q \\ \sigma_S^2 = (C_G \sigma_G)^2 + (C_Q \sigma_Q)^2 \end{cases} \tag{4-31}$$

式中，μ_G、σ_G 分别为永久荷载的平均值与标准差；μ_Q、σ_Q 分别为可变荷载的平均值与标准差。

荷载的平均值与标准值有下列关系：

$$\begin{cases} G_k = \mu_G (1 + \alpha_G V_G) \\ Q_k = \mu_Q (1 + \alpha_Q V_Q) \end{cases} \tag{4-32}$$

式中，G_k、V_G 分别为永久荷载的标准值和变异系数；Q_k、V_Q 分别为可变荷载的标准值和变异系数；α_G、α_Q 分别为永久荷载和可变荷载在某一保证率下的分位值的计算系数。

由式（4-20）可知，分项系数的表达式左边的是作用效应，将式（4-31）、式（4-32）代入其中，得

$$\mu_S + \beta \frac{\sigma_S^2}{\sigma_Z} = C_G G_k \left(1 + \beta \frac{C_G V_G \sigma_G}{\sigma_Z} \right) \frac{1}{1 + \alpha_G V_G} + C_Q Q_k \left(1 + \beta \frac{C_Q V_Q \sigma_Q}{\sigma_Z} \right) \frac{1}{1 + \alpha_Q V_Q} \quad (4\text{-}33)$$

即

$$S = C_G G_k \gamma_G + C_Q Q_k \gamma_Q = S_{Gk} \gamma_G + S_{Qk} \gamma_Q \quad (4\text{-}34)$$

式中，S_{Gk}、S_{Qk} 分别为永久荷载和可变荷载的标准作用效应；γ_G、γ_Q 分别为永久荷载和可变荷载的分项系数，写为

$$\begin{cases} \gamma_G = \dfrac{1 + \beta \dfrac{C_G V_G \sigma_G}{\sigma_Z}}{1 + \alpha_G V_G} \\[4mm] \gamma_Q = \dfrac{1 + \beta \dfrac{C_Q V_Q \sigma_Q}{\sigma_Z}}{1 + \alpha_Q V_Q} \end{cases} \quad (4\text{-}35)$$

对两种或两种以上的可变荷载组合作用，《建筑结构荷载规范》（GB 50009—2012）做出如下规定：

$$S = S_{Gk} \gamma_G + S_{Q1k} \gamma_{Q1} + \sum_{i=2}^{n} \gamma_{Qi} \varphi_{ci} S_{Qik} \quad (4\text{-}36)$$

式中，S_{Q1k}、γ_{Q1} 分别为可变荷载中作用效应最大的一个的标准作用效应及其分项系数；S_{Qik}、γ_{Qi} 分别为其余可变荷载的标准作用效应和荷载分项系数；φ_{ci} 为第 i 个可变荷载效应组合系数。

基本组合中的效应设计值仅适用于荷载与荷载效应为线性的情况；当对 S_{Qik} 无明显判断时，应轮次以各可变荷载效应作为 S_{Qik}，选其中最不利的荷载组合的效应设计值。

4.4 装配式木结构施工技术

 知识要点

1. 木结构构件的生产制作要求及方法。
2. 木结构构件的连接方式。

能力目标

1. 掌握木结构构件的生产制作要求及方法。
2. 了解木结构构件的生产流程。
3. 掌握木结构构件的连接方式。
4. 掌握榫卯链接、销连接及齿连接等连接方式。

4.4.1 木结构构件的生产制作要求及方法

1. 木桁架、木梁的制作

木桁架、木梁的制作的允许偏差应符合表 4-7 中的要求。

表 4-7　木桁架、木梁制作的允许偏差

项次	项目		允许偏差/mm	检验方法
1	构件截面、尺寸	方木构件高度、宽度	−3	钢直尺量
		板材厚度、宽度	−2	
		原木构件梢径	−5	
2	结构长度	长度不大于 15m	±10	钢直尺量桁架支座节点中心间距，梁、柱全长（高）
		长度大于 15m	±15	
3	桁架高度	跨度不大于 15m	±10	钢直尺量脊节点中心与下弦中心距离
		跨度大于 15m	±15	
4	受压或压弯构件纵向弯曲	方木构件	$L/500$	拉线钢直尺量
		原木构件	$L/200$	
5	弦杆节点间距		±5	钢直尺量
6	齿连接刻槽深度		±2	
7	支座节点受剪面	长度	−10	钢直尺量
		宽度　方木	−3	
		宽度　原木	−4	
8	螺栓中心间距	进孔处	±0.2d	
		出孔处　垂直木纹方向	±0.5d 且不大于 4B/100	
		出孔处　顺木纹方向	±1d	
9	钉进孔处的中心间距		±1d	
10	桁架起拱		+20	以两支座节点下弦中心线为准，拉一水平线，用钢直尺量跨中下弦中心线与拉线之间距离
			−10	

注：d 为螺栓或钉的直径；L 为构件长度；B 为板束总厚度。

（1）木桁架的制作

木桁架构建的制作首先要选用符合强度等级和尺寸要求的木材，检查含水率、缺陷等；其次准备所需的连接件，如螺栓、钢板、木钉等，并准备防腐防虫处理所需的材料。木桁架支座施工的制作要点和内容如下。

1）锯锯榫、打眼。

① 节点处的承压面必须平整、严密。

② 榫肩应长出 5mm，以备拼装时修整。

③ 上、下弦杆之间在支座节点处（非承压面）宜留空隙，一般约为 10mm；腹杆与上下弦杆结合处非承压面）也宜留 10mm 的空隙。

④ 原木屋架的节点，要用锯锯出抱肩（上弦与斜杆的交点）。

⑤ 钻螺栓孔的钻头要直，其直径应比螺栓直径大 0.5~1mm，钻头与木料面应垂直。每钻入 50~60mm，需提出钻头，加以清理，眼内不得留有木渣。

⑥ 在钻孔时，先将所要结合的杆件按正确位置叠合起来，并加以临时固定，然后用钻一气钻透，以提高结合的紧密性。

⑦ 拉力螺栓的孔径可比螺栓直径略大 1～3mm，以便于安装。

2）接头施工。

① 齿连接或构件接头处，不得采用凸凹榫。

② 受压接头的承压面应与构件的轴线垂直锯平，不应用斜搭接头。

③ 采用木夹板螺栓连接时，受剪螺栓孔径应比螺栓直径不大于1mm，系紧螺栓孔径可比螺栓直径大 1～3mm。

3）钢件连接。所用钢材的钢号应符合设计要求；钢件的连接均应用电焊，不应用气焊或锻接；当采用闪光对焊时，对焊接头应经过冷拉检验；所有钢件均应除锈，并涂防锈漆。

4）螺栓连接。钢木桁架的圆钢下弦、桁架的主要受拉腹杆（如三角形豪氏桁架的中央拉杆和芬克式钢木桁架的斜拉杆等）、受震动荷载的拉杆、直径大于20mm 的拉杆，螺栓必须用双螺母。螺杆伸出螺母的长度不应小于螺栓直径的 0.8 倍。

5）屋架拼接。

① 在平整的地上先放好垫木，把下弦杆在垫木上放稳，然后按照起拱高度将中间垫起，两端固定，再在接头处用夹板和螺栓夹紧。

② 下弦拼接好后，即安装中柱，两边用临时支撑固定，再安装上弦杆。

③ 安装斜腹杆：从桁架中心依次向两端进行，然后将各拉杆穿过弦杆，两头加垫板，拧上螺母。如无中柱而采用钢拉杆，则先安装上弦杆，而后安装斜杆，最后将拉杆逐个装上。

④ 各拉杆安装完毕并检查合格后，再拧紧螺母，钉上扒钉等铁件，同时在上弦杆上标出檩条的安放位置，钉上三角木。

⑤ 在拼装过程中，如有不符合要求的地方，应随时调整或修改。

⑥ 在加工厂加工试拼的桁架，应在各杆件上用油漆或墨编号，以便拆卸后运至工地，在正式安装时不致出错。在工地直接拼装的桁架，应在支点处用垫木垫起，垂直竖立，并用临时支撑支住，不宜平放在地面上。

（2）木梁的制作施工

1）木梁宜采用原木、方木或胶合木制作。若有设计经验，也可采用其他木基材制作。

2）木梁在支座处应设置防止其侧倾的侧向支承和防止其侧向位移的可靠锚固。

3）当采用方木梁时，其截面高宽比一般不宜大于 4，高宽比大于 4 的木梁应采取保证侧向稳定的必要措施。

4）当采用胶合木梁时，应符合胶合木梁的有关要求。

2. 木屋架的制作

（1）材料要求

1）屋架木构件所使用的材料应严格把关。构件所使用的木材应根据设计要求确定其树种、材质，必要时应进行抗拉、抗压、抗剪、弹性模量等强度试验，做好含水率测试，试验测试数据应符合木结构规范标准。设计对材料有特殊要求时，应符合设计要求。

2）屋架防腐、防火处理应符合设计要求和相关规范规定。

（2）技术要求

1）三角形弦杆人字木屋架采用齿接节点连接，斜杆受压，竖杆受拉。屋架内的腹杆（小斜弦杆）必须向内下倾。为提高屋架应力可靠性、减小变形，所有竖拉立杆必须采用圆钢螺栓杆件（应力螺栓）。屋架的节间长度应控制在 2～3m，并以六节间和八节间为宜。

2）梯形屋架多用于大跨度屋面较轻的建筑，上弦杆向外下倾，节点构造处理与三角形人字木屋架处理方式基本相同。屋架内节间中间的腹杆（小斜弦杆）通常会以剪刀交叉的形式设置，而屋架外侧内的腹杆（小斜杆）必须向外下倾。除了屋架最外端垂直立杆为木杆件，屋架内所有竖拉立杆必须采用圆钢螺栓杆件（应力螺栓）。屋架的节间长度应控制在 2～2.5m。

3）屋架间距以 3m 为宜，最大不应超过 4m。檩条或楞木截面高度不应小于开间跨度 1/20，且不小于屋架上下弦杆尺寸；檩条分布水平间距不超过 4 檩条或楞木截面高，通常控制在 600～800mm。屋面望板纵向铺设，檐口与檐枋平齐，外挂封檐板封檐口，其上铺设卷材防水，钉顺水条与挂瓦条。

4）人字屋架的最小高跨比不应小于 1/4，以 1/3 为宜，梯形屋架的高跨比宜取 1/5。下弦起拱 1/150，且不小于 1/200。一栋房屋中屋架跨中和支座的垂直平面内应设垂直剪刀支撑，或每隔一间设一组，确保屋架不发生走闪变形。

5）人字屋架上设置的天窗不应大于屋架跨度的 1/3；天窗立柱应设置在屋架上弦节点之上；天窗高度不宜太高，以满足采光和通风需要为度。通常窗口净高根据天窗大小选择 60～120cm。天窗有两坡和单坡的形式，两种形式的窗屋架都应加设斜撑保障结构整体稳定。天窗还应进行保温防潮处理，与屋面一同进行防水防腐等处理。

6）单齿及双齿连接的齿深不应小于 2cm，且木桁架端节点的齿深应不大于 $h/3$，在中间节点处应不大于 $h/4$。此处 h 为方木或圆木削平后沿齿深方向的截面高度尺寸。

7）双齿连接中第二齿深应大于或等于第一齿，且不少于 2cm。第二齿齿尖应位于上弦轴线与下弦上表面的交点。每齿的剪面长度不应小于该齿深的 4.5 倍。齿接节点齿端应做成与上弦上面呈 90°的直角接面。

8）齿接节点严禁采用帽舌齿和留鼻梁子齿榫。帽舌齿节点极易产生劈裂；鼻梁子齿榫节点会出现一侧受力的情况，从而导致屋架扭曲变形。

9）木屋架端点必须设置保险螺栓和经过防腐药剂处理的附木垫木（附木厚度豁口截面不小于 $h/3$ 处的桁架端节点的齿深）。保险螺栓应与上弦轴线垂直，双齿连接宜选用两根直径相同的保险螺栓。

10）人字屋架上弦如需接头，屋架每侧不宜多于一个，并不应将其接头设在脊节点两侧或端部的节点内。接头的位置宜设在节点附近，避免承受较大的弯矩。接头的相互抵承面要锯平抵紧，硬杂木（洋槐、柞木、柏木等）夹板厚度应不大于上弦宽度的 1/2，且不小于 45mm，其长度不小于宽度的 6 倍。接头每侧紧固螺栓不得少于 2 个，其直径按照屋架跨度大小在 12～16mm 选择。

11）受压杆件（小弦杆）不允许拼接，下弦受拉杆件长短拼接只准许有一个对接头。拼接位置适宜设在下弦中间位置，或设置在下弦总长度2/3前后两根应力螺栓相近位置或直接应力螺栓的区位。拼接夹板应使用高强度不易腐朽劈裂的硬杂木（洋槐、柞木、柏木等），或采用钢夹板。

12）下弦受拉杆件对接接头，硬木夹板厚应不小于下弦宽度的1/2，宽与下弦高相同，长是宽的6~8倍；上下三分之一之间采用双排螺栓，螺栓排列根据下弦接驳的长短选择两纵行齐列或两纵行错列。接头两端螺栓个数根据长短不少于6~8个，且只可增加不应减少。

13）在下弦受拉杆件对接接头应采用螺栓平面夹板连接，不允许采用凹凸夹板连接，凹凸夹板连接受剪面齿力不均会产生脆性破坏。同样下弦受拉杆件对接接头不允许采用凹凸拉力接头。

14）上弦中对顶夹板厚应不小于上弦宽度的1/2，宽为两倍于上弦截面高，长是上弦截面高的4~5倍，两边双螺栓。

15）屋架跨中腹杆（小斜杆）上端头与上弦杆90°平头齿连接，深2~25cm，下端90°对接于中端垫块之上；跨段与跨端腹杆上端头与上弦杆90°平头齿连接，深2~30cm，下端90°齿接深度不大于30cm。

16）竖向应力螺栓三角找平木垫必须采用高强度不易腐朽、不易劈裂的硬杂木，斜上弦檩木托子材质与木垫相同。应力螺栓垂直于下弦，上下必须使用双螺母拧紧。严防屋架走闪变形。所有端头节点都应使用扒锔子钉牢。

17）屋架体系采用下架木柱时，木柱与上面屋架结合必须设置双股斜撑加固，斜撑应与上弦、下弦三点相连，上弦连接点设在第一根应力螺栓之上。每间柱与柱之间每隔2~3m应布设一道剪刀支撑，遇到门窗洞口时上下或左右有设支撑。

18）屋架体系与建筑墙体结合在一起时，应采用螺栓与墙体进行可靠的锚固，保障屋架体系与建筑墙体空间整体的稳定性。屋面体系中檩条都不应采用对头搭接而应采用错位搭接，错搭长度不应小300mm。屋架与檩条应采取有效的锚固措施，可采用螺栓、卡板、暗销或其他可靠的连接物，轻型屋面（如薄钢板、石棉瓦等）或开敞式建筑的屋面都必须采用螺栓加固。

19）搁栅吊顶的吊挂应垂直于下弦。吊挂吊在檩木上的吊点位置，应位于檩木两端1/4抗弯强度较大的区间，不宜吊在檩木中间，防止中间受力过大，造成檩木下垂变形。吊挂在下弦上的持力吊点应靠近屋架下弦节点位置的应力螺栓旁设置。搁栅顶棚山面（包括保温层）应与屋架下弦保持15~20cm净距离，以便屋架检修与清理。

（3）屋架安装

1）在搭好承重架、砌筑好墙体或立好柱子后，采用起重机或吊链把屋架和檩条吊装在承重架上。屋架使用吊链吊装入位，用墙体预埋螺栓锁扣住梁头，支好临时戗杆与临时拉杆。

2）屋架按照预先弹好的轴线调正，钉上拉杆，然后按照檩木位置错位搭接安装檩木。檩木顺直找平后，用钉子和螺栓卡子固定好檩条，安装好永久性的开间剪刀戗杆；检查修正屋架尺寸，紧固预埋螺栓，紧固柱头夹板和戗杆螺栓，最后安装挂檐板。

3）屋面铺钉望板。板与板硬边碰缝不宜过紧，适当虚缝，预防室内温差湿度变化时望板收缩膨胀造成屋面结构拱起变形。粘铺屋面防水卷材：应按照设计要求的间距钉装顺水防滑条，通常顺水条压在防水卷材搭接位置，间距控制在 450~500mm。

4）按照挂瓦间距尺寸，在顺水防滑条上钉挂瓦条。挂瓦条应横向平直，上下条与条之间间距一致，且平行尺寸一致。望板基底有薄厚误差变化时，应利用挂瓦条薄厚修正找平。平整度较小的微差不应使用碎木垫片，可采用防水卷材边角料作为垫片，防止对屋面防水卷材造成伤害。

（4）质量标准

1）屋架采用的木材树种与强度，以及木材含水率、材质缺陷，应符合设计与相关规范的选材标准。

2）屋架起拱位置和高度应与设计要求相符，梁头与墙体结合必须采用垫木，结合部必须采用螺栓锚固。

3）屋架木构件跨度对接位置、夹板尺寸、齿接节点方式等，都必须按规范标准与设计要求的断面尺寸、规格、做法进行施工。

4）屋架中使用的应力螺栓及其他附件钢材品种、规格应与设计要求相符，焊接质量应符合相关规定。螺纹丝扣质量应符合相关规定。屋架上所使用的钢材杆件都应进行防锈处理。

5）檩木必须错位搭接，搭接长度应不小于 300mm。檐边楞木采用对接方式时应斜茬错接，错接长度不应小于下弦宽度。采用刻口搭在梁头上时，刻口与梁头严实，对接头应使用扒锔子拉接牢固。

6）屋檐挂檐板无论是使用枣核钉拼板，还是采用单块独板，都应穿抄手带，预防卷翘变形。钉装时板头对接必须采用龙凤榫卯接头，不应直茬对接。

7）屋面铺装望板应薄厚一致，无凹包鼓、平整一致，每根条、楞木与望板不可缺钉，铺钉不准许横向一缝或竖向直缝到底，应错位铺钉，错位长度不应少于 2 个檩档，错位宽度应控制在 1000~1200mm。

8）屋架支座及可能受潮的隐蔽部位应有防潮与通风措施，屋面望板铺装应留有一定的变形间隙，预防保温房屋中产生的冷凝水使望板膨胀收缩变形，进而引起屋面结构拱胀变形。

3. 木结构构件的成品保护和注意的问题

（1）成品保护

1）木构件加工制作完成后，运到指定地点分类码放，用苫布苫好，做好防雨、防暴晒措施，以确保下一步立架安装时的质量。

2）木构件加工制作完成后，运输当中应注意轻搬、轻放，不得磕碰损坏榫卯，确保成品质量。

3）木构件制作加工完成，码放时要分层使用垫木，分层码放。要通风透气，防止出现水汽、腐蚀、长毛现象。

（2）应注意的问题

1）木构件加工现场严禁明火、吸烟，消防设施齐备，要按照施工现场消防管理规定做好各种消防措施。

2）木构件加工制作当中，应做到活完脚下清。当日工作完成后，锯末、刨花、碎木要当日或随时清理干净，预防工作时脚下磕绊出现工伤、质量事故。

3）加工现场锯末、刨花、碎木等下脚料，应堆放到指定位置。

4.4.2　木结构构件的连接方式

木结构构件连接设计时应注意以下问题：尽量使制作、安装、连接时的木材含水率接近于结构使用时的含水率；尽可能使用钉子类连接件，连接件多而细，从而增加连接处延性；可能情况下设计成平行于木纹方向的单排连接，或尽可能减小垂直于木纹方向的连接长度，从而减少节点板对木材变形的约束。

木结构连接形式很多，有特定的木与木的连接，如斗棋、榫卯、齿等；现代木结构中更多的是采用钢板及螺栓、钉等。连接的破坏形式很多，随连接方式的变化而变化，设计人员必须精心设计，在特定的部位使用最合适的连接方式，以保证连接的安全性。不同的国家有不同的常用连接方式，当从国外引进特殊的连接方式时，需要认定该种连接在国内结构计算体系中承载力的确定方法。

1. 榫卯连接

榫卯连接是中国古代匠师创造的一种连接方式。其特点是利用木材之间挤压、嵌合将相邻构件连接起来，当结构承受外力时，构件间通过连接传递荷载。

榫卯种类很多，形状各异，随连接传力的功能、构件间相对位置、构件间连接的相对角度等因素而变化，常用的有固定垂直构件的棒卯、梁柱间连接的榫卯、梁与梁连接的榫卯、板与板连接的榫卯等。榫卯形式多样、适应性很强，至今还在传统木结构中广泛应用，图4-7所示为梁柱连接的一种榫卯。但榫卯具有连接处对木料的受力面积削弱大的缺点，因此用料不甚经济。

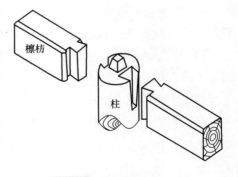

图4-7　梁柱间榫卯连接

2. 齿连接

齿连接是用于传统的普通木桁架节点的连接方式，如图4-8所示。齿连接是将压杆的端头做成齿形，直接抵承于另一杆件的齿槽中，通过木材承压和受剪传力。为了提高其可靠性，压杆的轴线须垂直于齿槽的承压面，并通过承压面的中心，这样使压杆的垂直分力对齿槽的受剪面有压紧作用，从而提高木材的抗剪强度。

3. 螺栓连接和钉连接

在木结构中，螺栓和钉的工作原理是相同的。螺栓和钉阻止构件的相对移动，使得孔壁承受挤压，螺栓和钉主要承受剪力。当力较大时，如果螺栓和钉材料的塑性较好，则会弯曲。为了充分利用螺栓和钉受弯、与木材相互间挤压的良好韧性，避免因螺栓和钉过粗、排列过密或构件过薄而导致木材剪坏或劈裂，在构造上对木材的最小厚度、螺栓和钉的最小排列间距等需做规定。在螺栓群连接中，即一个节点上有多个螺栓共同工作时，沿受力方向布置的多个螺栓受力是不均匀的，端部螺栓比中间螺栓承受更大的力，螺栓群总体承载能力小于单个螺栓的承载力。钉连接在这方面也有与螺栓同样的性质。

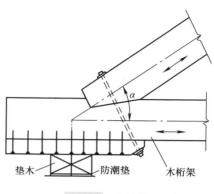

图 4-8　齿连接

4. 齿板连接

齿板是指表面已经处理过的钢板在冲压的作用下形成的带齿板，这种板主要用于轻型木结构中桁架节点的连接或受拉杆件的加长。齿也会因外界条件的影响而存在差异，不过只要设计合理，方法正确，采用这种方式连接的轻型木桁架跨度可超过 30m。

4.5　装配式木结构的防火和防护

 知识要点

1. 装配式木结构防火。
2. 装配式木结构防护。

 能力目标

1. 了解装配式木结构的防火措施。
2. 了解装配式木结构的防护措施。

木结构是一种由天然高分子化合物组成的有机生物材料，具有可燃性，且易受其他生物的分解，从而受到破坏而失去用途，因此，火灾和生物性作用中的微生物、昆虫（包括白蚁）对木结构建筑的破坏需要重点关注和防护。

4.5.1　木结构的防火

火灾永远是人类安全的威胁。国际消防与救援协会（CTIF）根据占全球 1/3 人口的国家和地区 1993—2018 年间统计，平均每年火灾发生 15 次/万人、导致死亡人数 17 人/百万人。人们可以努力减小火灾发生的概率及火灾导致的人员和财产损失，但火灾不能完全避免。

燃烧三要素是指可燃物、助燃物（氧气）和着火源（或热量、燃点）。控制其中之一就能控制燃烧或达到消防所需的结果。

防火的主要目标是降低火灾发生的概率，并限制火灾中人员伤亡和财产损失至可接受的水平。

为最小化火灾风险，建筑防火概念包括以下几个层次：

1）防止起火：尽量减少发生建筑物内意外起火。

2）监测火灾的发生：为逃生和灭火争取时间。

3）提供逃生通道和时间：减少人员伤亡，建筑设计要考虑便捷充足的防火通道。

4）控制火势蔓延：防火分区和防火间距可以避免火灾扩大。

5）灭火。

在进行建筑物防火设计时，要满足相应的安全等级和减小火灾风险，必需综合考虑以下因素：建筑的使用功能、使用人数、火灾中逃生的难易程度及火灾能被控制的方式等。研究表明：在不同建筑材料建成的房屋中，火灾发生的概率几乎没有差异。但是木结构毕竟增加了可燃物的数量，因此人们对木结构建筑防火特别关注。

1. 木结构的防火设计

木结构防火设计采用基于性能的设计方法。对于暴露式木结构一般采用有效残余截面法（最常采用）或强度刚度折减法等计算构件耐火极限，木结构连接等则主要采用构造措施来满足设计要求（欧洲可以对木结构销式连接进行基于性能的防火设计）。

对于轻型木结构或对耐火要求高的多高层木结构，一般会对木结构包覆一定厚度的防火材料（耐火石膏板等），一旦发生火灾，可将火与木结构隔开。耐火极限主要由防火材料决定，如采用厚度15mm以上的耐火石膏板包覆，可达到1h耐火极限。

防火分区和防火间隔是对各种木结构建筑都适用的防火要求。

（1）防火分区

建筑物内部某空间发生火灾后，火势会因热气体对流、辐射作用或者从楼板、墙体的烧损处和门窗洞口向其他空间蔓延扩大开来，最后发展成为整座建筑的火灾。因此，必须通过防火分区把火势在一定时间内控制在着火的一定区域内。木结构建筑的耐火等级介于《建筑设计防火规范（2018年版）》（GB 50016—2014）中所规定的三级和四级之间，其防火分区和防火间距都按此规定。建筑层数、长度和面积与防火分区的设置直接相关，不同层数建筑最大允许长度和防火分区面积不应超过表4-8的规定。

表4-8　木结构建筑防火墙间每层最大允许长度和面积

层数（层）	最大允许长度/m	最大允许面积/m²
1	100	1800
2	80	900
3	60	600

（2）防火间距

防火间距是为了防止火灾在建筑物之间蔓延而在建筑物间留出的防火安全距离。《建筑设计防火规范（2018年版）》要求木结构建筑之间及其与其他民用建筑之间的防火间距不应小于表4-9的规定。

表4-9 木结构建筑之间及其与其他民用建筑之间的防火间距 （单位：m）

建筑耐火等级或类别	一、二级建筑	三级建筑	木结构建筑	四级建筑
木结构建筑	8.00	9.00	10.00	11.00

木结构建筑防火设计主要针对承载力，一般不进行火灾作用时的变形验算。《木结构设计标准》（GB 50005—2017）防火设计内容主要参考美国相关标准的防火设计，一般情况下采取容许应力法进行计算，设计表达式为：

$$S_k \leqslant R_f \tag{4-37}$$

式中，S_k为火灾发生后验算受损木构件的荷载偶然组合的效应设计值，永久荷载和可变荷载均应采用标准值；R_f为按耐火极限燃烧后残余木构件的承载力设计值。

残余木构件的承载力设计值计算时，构件材料的强度和弹性模量应采用平均值。材料强度平均值应为材料强度标准值乘以表4-10规定的调整系数。

表4-10 木材防火设计强度调整系数

构件材料种类	抗弯强度	抗拉强度	抗压强度
目测分级木材	2.36	2.36	1.49
机械分级木材	1.49	1.49	1.20
胶合木	1.36	1.36	1.36

火灾属于偶然作用，防火设计时应采用作用的偶然组合，对于偶然设计状况可不进行正常使用极限状态和耐久性极限状态设计。当进行承载能力极限状态设计时，对于偶然设计状况，应采用作用的偶然组合。偶然组合的效应设计值S_k可根据《建筑结构荷载规范》（GB 50009—2012）（以下简称《荷载规范》），并参考《建筑钢结构防火技术规范》（GB 51249—2017），应按下列组合值中的最不利值确定：

$$S_k = S_{Gk} + \psi_f S_{Qk} \tag{4-38}$$

$$S_k = S_{Gk} + \psi_q S_{Qk} + \psi_w S_{Wk} \tag{4-39}$$

式中，S_{Gk}为按永久荷载标准值计算的荷载效应值；S_{Qk}为按楼面或屋面活荷载标准值计算的荷载效应值；S_{Wk}为按风荷载标准值计算的荷载效应值；ψ_f为楼面或屋面活荷载的频遇值系数；ψ_q为楼面或屋面活荷载的准永久值系数；ψ_w为风荷载的频遇值系数，取0.4。

当采用作用的偶然组合，验算火灾工况下的允许应力时，应采用材料强度和弹性模量的平均值。同时，需要注意以下几点：

1）表4-10中的抗拉强度应为顺纹抗拉强度，抗压强度应为顺纹抗压强度。

2）当承载力进行强度和稳定验算时，均应采用材料强度标准值乘以表4-10的调整系数。

3）木材的弹性模量设计值E为弹性模量的平均值；当计算稳定系数时，仍采用弹性模量标准值E_k。

4）未明确其他强度（顺纹抗剪等）是否需要调整时，可按不调整设计。

5）未给出其他强度（顺纹抗剪等）的标准值时，可暂按设计值取。

6）由于胶合木构件强度相对稳定、离散性小，故其调整系数为较小。

7）表 4-10 中的胶合木是指普通胶合木和层板胶合木，不包括正交胶合木。

木构件燃烧 t 小时后，有效炭化层厚度应按下式计算

$$d_{\mathrm{ef}} = 1.2\beta_n t^{0.813} \tag{4-40}$$

式中，d_{ef} 为有效炭化层厚度（mm）；β_n 为木材燃烧 1.00h 的名义线性炭化速率（mm/h），采用针叶材制作的木构件的名义线性炭化速率为 38mm/h；t 为耐火极限（h）。

验算构件燃烧后的承载能力时，应采用构件燃烧后的剩余截面尺寸（构件剩余截面尺寸取构件原始截面尺寸减去相应方向每个曝火面的有效炭化层厚度 d_{ef}），根据常温下构件承载力计算方法进行验算。当确定构件强度值需要考虑尺寸调整系数或体积调整系数时，应按构件燃烧前的截面尺寸计算相应调整系数。

2. 构造防火

1）轻型木结构建筑中，下列存在密闭空间的部位应采用连续防火分隔措施：

① 当层高大于 3m 时，除每层楼、屋盖处的顶梁板或底梁板可作为竖向防火分隔外，应沿墙高每隔 3m 在墙骨柱之间设置竖向防火分隔；当层高小于或等于 3m 时，每层楼、屋盖处的顶梁板或底梁板可作为竖向防火分隔。

② 楼盖和屋盖内应设置水平防火分隔，且水平分隔区的长度或宽度不应大于 20m，分隔面积不应大于 300m²。

③ 屋盖、楼盖和吊顶中的水平构件与墙体竖向构件的连接处应设置防火分隔。

④ 楼梯上下第一步踏板与楼盖交接处应设置防火分隔。

2）轻型木结构设置防火分隔时，应注意板材的选用，防火分隔可采用下列材料制作：

① 截面宽度不小于 40mm 的规格材。

② 厚度不小于 12mm 的石膏板。

③ 厚度不小于 12mm 的胶合板或定向木片板。

④ 厚度不小于 0.4mm 的钢板。

⑤ 厚度不小于 6mm 的无机增强水泥板。

⑥ 其他满足防火要求的材料。

3）当管道穿越木墙体时，应采用防火封堵材料对接触面和缝隙进行密实封堵；当管道穿越楼盖或屋盖时，应采用不燃烧性材料对接触面和缝隙进行密实封堵。

4）木结构建筑中的各个构件或室内空间需填充吸声、隔热、保温材料时，其材料燃烧性能应为难燃烧材料。

5）当木梁与木柱、木梁与木梁采用金属连接件连接时，金属连接件的防火构造可采用以下方法：

① 可将金属连接件嵌入木构件内，固定用的螺栓孔可采用木塞封堵，所有的连接缝可采用防火封堵材料填缝。

② 金属连接件采用截面厚度不小于 40mm 的木材作为表面附加防火保护层。

③ 将梁柱连接处包裹在耐火极限为 1.00h 的墙体中。

④ 采用厚度大于 15mm 的耐火纸面石膏板在梁和柱连接处进行分隔保护。

6）木结构建筑中配电线路的敷设应采用以下防火措施：

① 电线、电缆直接明敷时应穿金属管或金属线槽保护，当采用矿物绝缘线路时可直接明敷。

② 电线、电缆穿越墙体、屋盖或楼盖时，应采用防火封堵材料对其空隙进行封堵。

7）安装在木结构楼盖、屋顶及吊顶上的照明灯应采用金属盒体，且应采用不低于所在部位墙体或楼盖、屋盖耐火极限的石膏板对金属盒体进行分隔保护。

另外，在轻型木结构建筑中，防火构造可用以下材料制成：规格材、石板、木基结构板材、钢板、石棉板。石膏板不仅能自然调节室内外的湿度，也是极好的阻燃材料，因此这种组合墙体的耐火能力极强，与砖石或钢混住宅的防火性能相当。轻型木结构建筑中设置水平和竖向防火分隔可以阻止火焰在水平或竖向空腔中蔓延。竖向可采用底梁板和顶梁板作为防火分隔，水平方向一般根据空间长度或面积等确定。我国在引入新的建筑体系如轻型木结构或胶合木结构时，通常会比较谨慎，相应的防火规范规定也较严格。

综上，木结构建筑的应用范围、高度、层数、防火分区、每层最大允许面积、安全出口、防火间距、构造措施以及构件的燃烧性能和耐火极限要同时符合《建筑设计防火规范（2018 年版）》、《木结构设计标准》以及国家建筑设计标准图集《木结构建筑》14J924、《多高层木结构建筑技术标准》（GB/T 51226—2017）的相关规定，以保证设计防火和构造防火的合理合规性。

4.5.2　木结构的防护

在传统和习惯上，木材防腐既包括木材防腐朽，也包括木材防虫。木材具有明显的生物特性，经常受到真菌（木腐菌、霉菌、变色菌等）、甲虫、白蚁等生物的损害。

木材形成真菌危害的必要条件主要包括：

1）营养。褐腐菌主要分解木材中的纤维素和半纤维素，白腐菌几乎能降解木材中所有主要成分，软腐菌侵害木材中的纤维素，变色菌、霉菌和细菌则需要木材中的单糖、淀粉和部分半纤维素等。

2）温度。真菌在 3 ~ 38℃温度范围内都能生长发育，3℃以下时生长速度减慢或处于休眠状态，但不会死亡，高温条件下可被杀死，建筑物内的温度对真菌生长很适宜。

3）水分。木材含水率为 20% ~ 60% 时，真菌宜生长。

4）氧气。

木腐菌对木材造成的腐朽会使木材强度大大降低，同时使得木材吸水性和吸湿性高于健康材，水分增多更有利于腐朽菌的生长，从而形成恶性循环。

一般霉斑和蓝变对木材外观有影响而对其材质没有大的影响，但霉斑和蓝变的木材往往有利于木腐菌的侵害。

真菌损害后的木材如图 4-9 所示。应采取措施避免真菌等对木材的损害，如能去除上述微生物赖以生存的条件之一，即可防止由真菌引起的腐朽、霉变和变色等。新砍伐的树木常浸没于水中，通过缺氧杀灭真菌。我国还有"干千年、湿万年、不干不湿就半年"的说法。木结构与人类生活分不开，因此温度和氧气无法排除，一般能采取的物理方法是将木材含水率控制在18%~20%以内使其处于干燥状态，防止木腐菌的侵蚀。因此，要求木结构各个部分，特别是支座节点等关键部位，要处于通风良好的条件下，即使一时受潮，也能及时风干。对于经常受潮或间歇受潮的木结构或构件，以及不得不封闭在墙内的木构件等，则必须用防腐剂处理，以防木腐菌繁殖生长，断绝微生物的营养物质来源。比如，轻型木结构中与混凝土基础接触的基木板一般要求防腐处理。

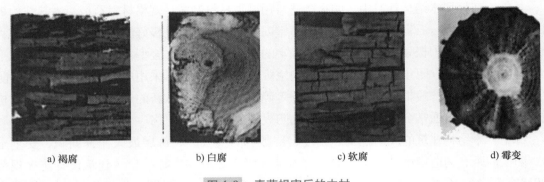

a) 褐腐　　　　　　　b) 白腐　　　　　　　c) 软腐　　　　　　　d) 霉变

图 4-9 真菌损害后的木材

由于木材自身材料的特征，微生物和昆虫对木材的破坏也是影响木结构建筑使用耐久性的重要因素。蛀蚀木材的昆虫主要有白蚁和甲虫。白蚁对木材和木结构建筑的危害具有隐蔽性、广泛性和严重性。我国危害最大的白蚁群是堆砂白蚁，属木白蚁科，危害干燥木材。在我国常见的危害木材的甲虫是天牛、粉蠹、长蠹和窃蠹。天牛幼虫可消化木材的纤维素，多数在边材钻孔寄居，家天牛对针叶材危害严重。粉蠹和长蠹以木材的淀粉和糖类为食，以危害阔叶材的边材为主。窃蠹则能够消化纤维素和半纤维素，对针叶材、阔叶材都会产生危害。甲虫主要侵害含水率较低的干燥木材，成虫喜在木材表面的管孔中产卵，因此管孔较大的树种受害最烈；幼虫将木材内部蛀成粉末状，只剩下一层薄薄的外壳，表面上小虫眼密布，其周围常有粉末状蛀屑，对木材的强度和表面质量都有一定影响。

采取构造上的防潮措施，使木构件与水源隔断，对减小家白蚁和散白蚁的危害有一定的效果。但构造上的防潮对防虫仅是一种辅助措施，凡是有白蚁或甲虫的地区，木结构和木制品均应用防虫药剂处理。

1. 防水防潮

水和潮气是影响房屋使用寿命的重要因素，木结构构件在加工、运输、施工和使用过程中应采取防水防潮措施。为了防止木结构建筑受潮（包括直接受潮及冷凝受潮而引起木材腐朽或蚁蛀），设计时必须从建筑构造上采用通风的防潮措施，注意保证木构件的含水率经常保持在20%以下。木结构建筑应有效利用周围环境以减少维护结构的暴露程度。木结构建筑在不同部位和不同环境下有相应的防水防潮措施。

在年降雨量高于 1000mm 地区的木结构建筑，或环境暴露程度很高的木结构建筑，应采用防雨幕墙。在外墙防护板和外墙防水膜之间应设置排水通风空气层，其净厚度宜在 10mm 以上，有效空隙不应低于排水通风空气层总空隙的 70%；空气层开口处必须设置连续的防虫网。在混凝土基础周围、地下室和架空层内，应采取防止水分和潮气由地面入侵的排水、防水及防潮等有效措施。在木构件和混凝土构件之间应铺设防潮膜。建筑物室内外地坪高差不应小于 300mm。当建筑物底层采用木楼盖时，木构件的底部距离室外地坪的高度不应小于 300mm。

木结构建筑屋顶宜采用坡屋顶，屋顶空间宜安装通风孔。采用自然通风时，通风孔总面积应不小于保温吊顶面积的 1/300。通风孔应均匀设置，并应采取防止昆虫或雨水进入的措施。

外墙和非通风屋顶的设计应减少蒸汽内部冷凝，并有效促进潮气散发。在严寒和寒冷地区，外墙和非通风屋顶内侧应具有较低蒸汽渗透率；在夏热冬暖和炎热地区，外侧应具有较低的蒸汽渗透率。

在门窗洞口、屋面、外墙开洞处、屋顶露台和阳台等部位均应设置防水、防潮和排水构造措施，应有效地利用泛水材料促进局部排水。泛水板向外倾斜的最终坡度不应低于 5%。屋顶露台和阳台的地面最终排水坡度不应小于 2%。

木结构的防水防潮措施应按下列规定设置：

1）当桁架和大梁支承在砌体或混凝土上时，桁架和大梁的支座下应设置防潮层（图 4-10a）。

2）桁架、大梁的支座节点或其他承重木构件不应封闭在墙体或保温层内。

3）支承在砌体或混凝土上的木柱底部应设置垫板，严禁将木柱直接砌入砌体中，或浇筑在混凝土中（图 4-10b）；

4）在木结构隐蔽部位应设置通风孔洞（图 4-10c）。

5）无地下室的底层木楼盖应架空，并应采取通风防潮措施（图 4-10d）。

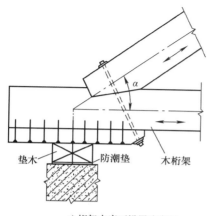

a) 桁架支座下设置防潮层

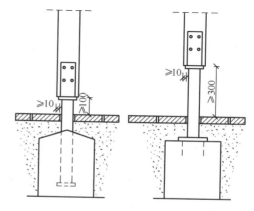

b) 木柱底封口板

图 4-10　木结构的防水防潮措施

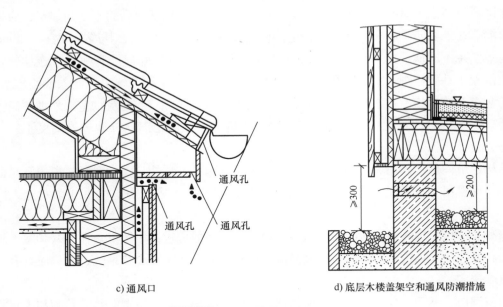

c) 通风口   d) 底层木楼盖架空和通风防潮措施

图 4-10   木结构的防水防潮措施（续）

2. 防生物危害

《木结构设计标准》中将木结构建筑受生物危害区域根据白蚁和腐朽的危害度划分为四个区域等级，各区域等级包括的地区应按表 4-11 的规定进行确定。

表 4-11   生物危害地区划分

序号	生物危害区域等级	白蚁危害程度	包括地区
1	Z1	低危害地带	新疆、西藏西北部、青海西北部、甘肃西北部、宁夏北部、内蒙古除突泉至赤峰一带以东地区和加格达奇地区外的绝大部分地区、黑龙江北部
2	Z2	中等危害地带，无白蚁	西藏中部、青海东南部、甘肃南部、宁夏南部、内蒙古东南部、四川西北部、陕西北部、山西北部、河北北部、辽宁西北部、吉林西北部、黑龙江南部
3	Z3	中等危害地带，有白蚁	西藏南部、四川西部少部分地区、云南德钦以北少部分地区、陕西中部、山西南部、河北南部、北京、天津、山东、河南、安徽北部、江苏北部、辽宁东南部、吉林东南部
4	Z4	严重危害地带，有乳白蚁	云南除德钦以北的其他地区、四川东南大部、甘肃武都以南少部分地区、陕西汉中以南少部分地区、河南信阳以南少部分地区、安徽南部、江苏南部、上海、贵州、重庆、广西、湖北、湖南、江西、浙江、福建、贵州、广东、海南、香港、澳门、台湾

1）当木结构施工现场位于白蚁危害区域等级为 Z2、Z3 和 Z4 区域内时，木结构建筑的施工应符合以下规定：

① 施工前应对场地周边的树木和土壤进行白蚁检查和灭蚁工作。

② 应清除地基中已有的白蚁巢穴和潜在的白蚁栖息地。

③ 地基开挖时应彻底清除树桩、树根和其他埋在土壤里的木材。

④ 所有施工时产生的木模板、废木材、纸质品和其他有机垃圾应在建造过程中和完工后及时清理干净。

⑤ 所有进入现场的木材，其他林产品、土壤和绿化用树木，均应进行白蚁检疫，施工时不应采用任何受白蚁感染的材料。

⑥ 应按照设计要求做好防止白蚁的其他各项措施。

2）当木结构建筑位于白蚁危害区域等级为 Z3 和 Z4 区域内时，木结构建筑的防白蚁设计应符合以下规定：

① 直接与土壤接触的基础和外墙，应采用混凝土和砖石结构；基础和外墙中出现的缝隙宽度不应大于 0.3mm。

② 当无地下室时，底层地面应采用混凝土结构，并宜采用整浇的混凝土地面。

③ 由地下通往室内的设备电缆缝隙、管道孔缝隙、基础顶面与混凝土地坪之间的缝隙，应采用防白蚁物理屏障或土壤化学屏障进行局部处理。

④ 外墙的排水通风空气层开口处必须设置连续的防虫网，防虫网格栅孔径应小于 1mm。

⑤ 地基的外排水层或保温隔热层不宜高出室外地坪，否则应做局部防白蚁处理。

3）在白蚁危害区域等级为 Z3 和 Z4 的地区，应采用防白蚁土壤化学处理和白蚁诱饵系统等防虫设施，土壤化学处理和白蚁诱饵系统应使用对人体和环境无害的药剂。

3. 防腐

根据木材用途对其进行相应的防腐处理，可以避免腐朽、虫蛀、发霉和变色等。木材经防腐处理，可提高和改善其使用功能，并延长使用寿命 3～6 倍，还可以节约大量维修用材和费用。

在木结构设计、材料选择和维护上的综合考量对建筑的功能和使用寿命有着决定性的作用，当碰到下列情况时，应对木材进行防腐处理：

1）当承重构件使用马尾松、云南松、湿地松桦木，并位于易腐朽或易遭虫害的地区时，应采用防腐木材。

2）在白蚁严重危害区域 Z4 地区，木结构建筑宜采用具有防白蚁功能的防腐处理木材。

3）直接暴露在户外的木构件、与混凝土构件或砌体直接接触的木构件和支座垫木，以及其他可能发生腐朽或遭白蚁侵害的木构件，应进行防腐处理。

4）气候潮湿的地区或特别潮湿的建筑物内，木材的含水率仍会经常处于 20% 以上，当采用耐腐性差的木材时，必须对全部木构件进行防腐处理。

对木材添加化学物质，能够防止微生物对木材的侵袭，不同的化学药剂和用量会呈现不同的效果。化学药剂可以通过手工涂层、浸渍或通过工业加压的方式添加。涂层和普通浸渍方式主要是防护表面，药剂不会进入木材内部，效果有限，所以此方法一般用于补充完善，如在加压处理木材的底端涂上防护油以减少对水分的吸收。当金属连接件、齿板及螺钉与含铜防腐剂处理的木材接触时，为避免防腐剂对金属的腐蚀，应采用热浸镀锌或不锈钢产品。

防腐处理要尽可能避免或减少对木材机械强度和力学性质的影响，木材应尽量在防腐处理前进行锯、切、钻、刨等机械加工，然后进行防腐处理。处理后，待防腐剂固化和木材干燥后直接使用，其目的是防止机械加工造成木材内部未被防腐剂渗透的部分暴露。未被防腐剂浸到的木材是不具备防腐效果的，即使是耐腐性好的心材也不具备抗白蚁和抗害虫性能；而且，即使木材内部已被防腐剂渗透，但由于木材内部的防腐剂保持量比木材外部低，防腐效果也会大打折扣。因此，木构件的机械加工应在防腐防虫药剂前进行，木构件经防腐防虫处理后，应避免重新切割和钻孔，确有必要做局部调整时，必须对木材的表面涂刷足量的同品牌或同品种药剂。

现有木材防腐剂大多为复式配方，可抑制、抵抗、毒杀多种有害生物，大致可分为油质类（煤杂酚油等）、油溶性类和水溶性类［铬化砷酸铜（CCA）、季铵铜（ACQ）、无机硼类防腐剂等］。

目前，水溶性防腐剂 ACQ 逐渐取代 CCA 成为市场的主流。ACQ 的主要化学成分为烷基铜铵化合物，它不含砷、铬、砒霜等有毒化学物质，对环境无不良影响，且不会对人畜鱼及植物造成危害。水溶性防腐剂 ACQ 在使用上对人体安全较之 CCA 更佳，现被美国环保署（EPA）认可为目前世界上环保最有效的木材防腐处理方法，因此在北美和欧洲地区被广泛推广，缺点是 ACQ 在成本上比 CCA 高出近 20%。从目前国内市场看，这两种处理方法的防腐木材应该会共存一段时间，但从长远看 ACQ 防腐处理将是未来的发展趋势。

木材防腐处理应根据各种木构件的用途和防腐要求，按照《木结构工程施工规范》（GB/T 50772—2012）规定的不同使用环境选择合适的防腐剂。采用的防腐剂、防虫剂不得危及人畜安全，不得污染环境。木构件的防腐采用药剂加压处理时，药剂在木材中的载药量和透入度应符合《防腐木材的使用分类和要求》（GB/T 27651—2023）的规定。防腐、防虫药剂配方及技术指标应符合《木材防腐剂》（GB/T 27654—2023）的规定。防腐木材的使用分类和要求应满足《防腐木材的使用分类和要求》（GB/T 27651—2023）的规定。

5.1　BIM 技术概述

知识要点

1. BIM 技术的发展历程。
2. BIM 的标准与规范。
3. BIM 技术的应用领域。

能力目标

1. 能够理解和应用 BIM 的基本概念，能够分析和解决 BIM 相关的问题。
2. 能够掌握 BIM 的标准和规范，能够遵循标准和规范进行 BIM 模型的建立和应用。
3. 掌握 BIM 技术的应用领域，能够不断学习并探索新技术、新方法在 BIM 领域的应用。

5.1.1　BIM 技术简介

1. BIM 的定义

建筑信息模型（Building Information Modeling），是以三维数字技术为基础，集成了建筑工程项目各种相关信息的工程数据模型，是对该工程项目相关信息的详尽表达。建筑信息模型是数字技术在建筑工程中的直接应用，以解决建筑工程在软件中的描述问题，使设计人员和工程技术人员能够对各种建筑信息做出正确的应对，并为协同工作提供坚实的基础。

建筑信息模型同时又是一种应用于设计、建造、管理的数字化方法，这种方法支持建筑工程的集成管理环境，可以使建筑工程在其全生命周期中显著提高效率、增加标准件以及减少误差风险等。

由于建筑信息模型需要支持建筑工程全生命周期的集成管理环境，因此建筑信息模型的结构是一个包含有数据模型和行为模型的复合结构。它除了包含与几何图形及数据有关的数据模型外，还包含与装配管理有关的行为模型，两相结合通过关联为数据赋予意义，因而可用于模拟真实世界的行为。

2. BIM 与装配式建筑的结合

建筑工业化是随西方工业革命出现的概念。工业革命让造船、汽车生产效率大幅提升，随着欧洲兴起的新建筑运动，工厂预制、现场机械装配的实行，逐步形成了建筑工业化的理论雏形。它的基本途径是建筑标准化、构配件生产工厂化、施工机械化和组织管理科学化，并逐步采用 BIM 技术的新成果，以提高劳动生产率，加快建设速度，降低工程成本，提高工程质量。

传统建筑生产方式是将设计与建造环节分开，设计环节仅从目标建筑体及结构的设计角度出发，而后将所需建材运送至目的地，进行露天施工，完工交底验收的方式。建筑工业化生产方式是设计施工一体化，运用 BIM 协同技术加强建筑全生命周期的标准化管理方式，同时基于 BIM 数字化模型平台提升建筑各方面性能指标，并将其做标准化的设计，至构配件的工厂化生产，再进行现场装配的过程。对比可以发现，传统建筑生产方式中设计与建造分离，设计阶段完成蓝图、扩初，至施工图交底即目标完成，实际建造过程中的施工规范、施工技术等均不在设计方案之列。建筑工业化颠覆传统建筑生产方式，最大特点是体现全生命周期的理念，利用 BIM 信息技术为载体，将设计施工环节一体化，设计环节成为关键，该环节不仅是设计蓝图至施工图的过程，还是基于 BIM 技术可视化优势，将设计构配件标准、建造阶段的配套技术、建造等规范及施工方案前置进设计方案中，使设计方案成为构配件生产标准及施工装配的指导文件。

BIM 优势还在于可以显著提高混凝土预制构件的设计生产效率。设计师只需做一次更改，之后的模型信息就会随之改变，省去了大量重设参数与重复计算的过程。同时它的协同作用可以快速有效地传递数据，且数据都是在同一模型中呈现的，这使各部门的沟通更直接。

深化设计方可以直接从建筑设计模型中提取需要的部分并且进行深化，再通过协同交给结构设计师完成结构的设计与校核，合格后还可由构件厂直接生成造价分析。由于 BIM 系统中 3D 与 2D 的结合，计算完后的构件可以直接生成 2D 的施工图交付车间生产。如此一来，就将模型设计、强度计算、造价分析、车间生产等几个分离的步骤结合到了一起，减少了信息传输的次数，提高了效率。同时，BIM 也可以为预制构件的施工带来很大方便，它能够生成精准生动的三维图形和动画，让工人对施工顺序有直观的认识。

3. 装配式建筑相关的 BIM 软件

装配式混凝土建筑全生命周期分为设计、生产、装配施工三个阶段。目前 BIM 软件的分类并没有一个严格的标准和准则，分类主要参考美国总承包商协会（AGC）的资料。BIM 常用工具（按功能划分）见表 5-1。

表 5-1　BIM 常用工具（按功能划分）

功能	常用工具
建筑	Affinity，Allplan，Digital Project，Revit Architecture，Bentley BIM，ArchiCAD，Sketch Up
结构	Revit Structure，Bentley BIM，ArchiCAD，Tekla
机电设备	Revit MEP，AutoCAD MEP，Bentley BIM，CAD – Duct，CAD – Pipe，AutoSPRINK，PipeDesigner 3D，MEP Modeller

（续）

功能	常 用 工 具
场地	Autodesk Civil 3D，Bentley InRoads，Bentley Geopak
协调碰撞	NavisWorks，Bentley Navigator
4D 计划	NavisWorks，Synchro，Vico，Primavera，MS Project，Bentley Navigator
成本计算	Autodesk QTO，Innovaya，Vico，Timberline，广联达，鲁班，CostOS BIM
能耗分析	Autodesk Green Building Studio，IES，Hevacomp，TAS
环境分析	Autodesk Ecotect，Autodesk Vasari
规范	E – Specs
管理	Bentley WaterGEMS
运维	ArchiFM，Allplan Facility Management，Archibus
其他	金土木，Solibri

5.1.2　BIM 技术的应用领域

BIM 技术作为信息化技术在建筑领域的新发展，已随着建筑工业化的推进，逐渐在我国建筑业应用推广。业界普遍认为 BIM 能够实现工程项目的信息化建设，促进业主、设计方、施工方和运维方更好地协同工作，从设计方案、施工进度、成本、质量、安全、环保等方面，增强项目的可预知性和可控性，实现项目的全生命周期管理。BIM 建筑生命周期如图 5-1 所示。

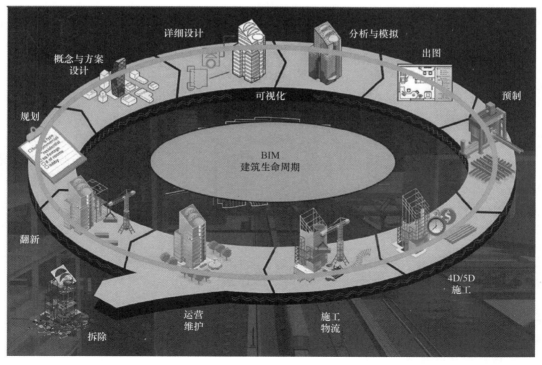

图 5-1　BIM 建筑生命周期

BIM 技术是通过创建、管理和协调建筑信息模型来支持建筑项目的设计、建造和维护的过程。BIM 技术的应用领域非常广泛，涵盖了建筑设计、工程施工、设备管理、运营维护等各个方面。下面列举一些具体的应用领域：

1）建筑设计。BIM 技术可以提高设计效率和质量。通过三维建模，设计师可以更直观地展示设计成果，并与客户、其他设计师和工程师进行更好的沟通和协作。

2）结构设计。BIM 技术可以将结构设计与建筑设计相结合，通过模型进行结构分析和设计，自动计算结构元素的尺寸和强度，并可以实时查看结构的变化，从而提高结构的安全性和可靠性。

3）施工管理。BIM 技术可以显著提高施工管理的效率和准确性。通过 BIM 模型，施工方可以进行施工规划和进度管理，实时查看施工进度和施工质量，降低错误和冲突的可能性。

4）设备管理。BIM 技术可以帮助提高设备的使用效率和维护效率。通过 BIM 模型，可以清晰地了解设备的安装位置、使用情况和维护记录，从而制订更合理的设备使用和维护计划。

5）运维管理。BIM 技术在运维管理中可以提高建筑的运行效率和维护效率。通过 BIM 模型，运维人员可以实时监测建筑设施的运行状态，预测设施的维护需求，并进行维修计划的制订。

6）碰撞检测。BIM 技术可以通过监测不同构件的相对位置，发现潜在的冲突，从而避免施工中的错误和冲突，确保建筑物的安全和稳定性。

7）协同设计。BIM 技术为不同领域的专业人员提供了协同设计的平台。基于 BIM 技术，设计师、结构工程师等可以同步建模，通过实时数据沟通，确保设计过程的完美推进。

8）工程测量与工程量统计。利用 BIM 软件对三维实景模型进行场地长宽的测量、土地面积和土方量的计算，可以辅助前期勘察和工程量计算。

9）三维可视化与展示。BIM 技术可以生成逼真的三维可视化效果图、动画和虚拟现实体验，不仅增强了与利益相关者的沟通，还能在展示设计意图时提供更直观和全面的视角。

10）建筑能源分析。利用 BIM 技术进行能耗模拟与评估，揭示建筑的能源消耗状况，以优化其能源效益并降低运营成本。

此外，BIM 技术还在水利工程、电力工程等领域有广泛的应用，如水利工程运营管理、电力工程设计的精细化模拟和优化等。

5.2 BIM 技术在国内外的发展概况

 **知识要点**

1. 国内外 BIM 技术应用现状。

2. 国内外 BIM 技术的研究热点和发展趋势。

能力目标

1. 能够全面了解 BIM 技术的起源、发展历程和国内外政策环境。
2. 能够深入分析国内外 BIM 技术的应用现状。
3. 掌握 BIM 技术在实践中的具体应用情况和经验教训。

作为信息化时代发展出的新技术，BIM 技术可以在工程施工的整个生命过程中扮演着举足轻重的角色。将 BIM 技术运用到项目施工的各环节中，能够迅速地将施工资料进行及时的传输与采集，从而能有效地减少施工费用，提升施工速度，保障施工质量，推动工程造价管理的信息化发展，从而使施工过程中的各项工作程序更加规范。BIM 技术在国内外都获得了长足的发展。

5.2.1　BIM 技术在国外的发展概况

1. BIM 技术的起源和发展

BIM 技术的起源可以追溯到 20 世纪 70 年代的美国。当时，为了应对全球石油危机和提高产业经济发展水平和效率，美国开始探索全新的建筑研究方法。在这一背景下，Eastman 教授提出了基于计算机的建筑描述方法，即 BIM 的雏形。该方法旨在通过三维可视化和信息量化技术，提高建筑项目运作的效率。

进入 21 世纪后，BIM 技术得到了快速发展。随着参数化设计理念的提出和在工业设计、航空航天等领域的成功应用，BIM 技术逐渐在建筑行业中得到认可和推广。特别是在美国、欧洲等发达国家，BIM 技术已成为建筑行业的重要工具。

根据 McGraw Hill 公司调查显示：BIM 技术在美国工程建设领域应用的占比由 2007 年的 28% 迅速增长至 2012 年的 71%，此外，74% 的承包商报告，使用 BIM 技术获得了积极的投资回报。BIM 技术在建筑领域的价值不断地被熟知和认可。

美国总务管理局（GSA）于 2003 年推出了 3D－4D－BIM 计划，目标是为所有对此技术感兴趣并应用此技术的项目提供"一站式服务"，且根据应用深度的不同，给予相应程度的资金和技术支持。

Arto Kviniemi（2008）等提出了 IFC 标准和平台的建立，是解决 BIM 软件之间数据交换兼容性问题的关键。

Succa（2019）教授总结以往 BIM 的研究结果，得出的结论是 BIM 技术的研究重点将会是工程数字化、建设标准化等领域。

Esa Halmetoja（2022）提出一个将 BIM 技术和大数据结合在同一个界面的概念，为利益相关者在运维管理期间提供新的价值。

通过对国外 BIM 技术应用的研究发现，欧美部分国家已经建立了比较完备的 BIM 技术标准体系，主要可以分为三类。第一类是由于 BIM 技术应用的日益完善，已经备受国际重视，建筑企业将 BIM 技术作为承包项目的第一工艺技术。第二类是目前国际上关于 BIM 技术应用的范围已经不仅局限于建筑施工的某个局部过程，而是一种贯穿项目整个生命周期的现代化工作手段。第三类是目前国际上关于 BIM 技术的各种应用已经相对完善，如 Autodesk 集团已经研发出了各专业领域及在各个工程阶段中所要应用的软件，并建立起了完善的应用软件配套系统。

2. BIM 技术在国外的应用现状

北美市场：北美地区是全球 BIM 市场最大的市场之一。美国在 BIM 技术的研发和应用方面具有较大的优势，政府对 BIM 的支持力度较大。加拿大的建筑企业也逐渐增加了对 BIM 技术的应用。

欧洲市场：欧洲地区的 BIM 市场也呈现较高的增长率。英国、德国和法国等国家在 BIM 技术领域具有较大的市场份额。欧洲联盟在推动 BIM 技术标准化方面也发挥着积极作用。

亚太市场：亚太地区的 BIM 市场呈现快速增长的态势。日本和澳大利亚等国家在 BIM 技术的研发和应用方面取得了显著成果。亚太地区的市场增长主要受益于建筑行业的快速发展和政府对 BIM 技术的支持。

3. BIM 技术在国外的发展趋势

协同合作：随着 BIM 技术的发展，协同合作变得更加容易。BIM 软件使得多个设计师、工程师和施工人员能够在同一个平台上共同工作，实时共享建筑模型和相关数据，相互协作解决问题。

可视化效果：BIM 提供了三维可视化功能，使各方人员能够更加直观地理解建筑项目的设计和构造信息。此外，通过 BIM 软件，设计师还可以将建筑模型导入到虚拟现实或增强现实环境中，让用户能够身临其境地体验未来建筑的样貌。

智能建筑：随着物联网和人工智能的发展，智能建筑正在成为国外 BIM 发展的一个重要趋势。智能建筑可以通过传感器和数据分析来监测和管理建筑物的使用情况，提供更加舒适和安全的居住和工作环境。

5.2.2　BIM 技术在国内的发展概况

1. BIM 技术在国内的发展历程

在大陆，BIM 技术的应用较晚于香港和台湾地区，但依托于香港和台湾地区发展的经验，BIM 技术的发展越来越快。

2011 年 5 月，国家住房与城乡建设部（以下简称住建部）正式发布了《2011—2015 年建筑业信息化发展纲要》，此政策文件的颁发标志着 2011 年成为了中国 BIM 元年。

2016 年 8 月，住建部发布《2016—2020 年建筑业信息化发展纲要》，表明要大力发展 BIM 技术与其他现代化高新技术的集成应用，促进建筑企业朝着信息技术创新和信息化应用达到国际先进水平的方向迈进。

丁士昭教授（2005）将信息化科学与全生命周期理论相关联，创建了建设工程信息化理论。

李玉娟（2008）将 BIM 技术应用到项目设计阶段，为工程项目的全生命周期管理带来了新的思路。同年，齐聪和苏鸿根据 Revit 平台算量软件开发，对 BIM 技术的应用模式深入了解，拟定了初步实施方案。

黄华（2010）从技术的角度出发，建议采用 BIM 技术来管理工程设计阶段的造价，并深入研究这种模式的实施方案。

何关培（2011）等研究和分析了 BIM 技术在项目空间和时间维度的应用，为造价管理、市政规划与 BIM 技术相结合的应用提供了理论支持。

张树捷（2012）分析了 BIM 技术在数据处理方面的适用性和高效性，并为 BIM 技术在项目运营过程中遇到的一些障碍提供了解决方案。

胡绍兰（2013）等通过分析和研究传统工程造价的弊端，结合 BIM 技术在数据处理、信息共享与存储方面的优势，表明 BIM 技术在造价管理方面的重要性。

王勇（2019）提出在建筑结构施工图设计中引入 BIM 技术，能够提高设计阶段的效率和质量，并在某种程度上可以解决当前建筑结构设计所面临的瓶颈。

2. BIM 技术在中国的发展现状

BIM 技术在中国的发展经历了从引进、学习、探索到广泛应用的过程。近年来，随着国家对于建筑信息化和智能化发展的重视，BIM 技术在国内的应用越来越广泛，逐渐成为建筑行业的标配工具。

BIM 技术最初由国外引入中国，这一阶段主要集中在技术的引进和学习方面。国内建筑行业开始逐渐接触 BIM 技术，并引入了一些国外的 BIM 软件和标准。虽然应用范围有限，但为后续的技术推广和应用奠定了基础。

随着 BIM 技术在国内建筑行业的逐渐推广，国内开始研发和探索适合国情的 BIM 软件和标准。一些大型建筑设计院和科研机构开始自主研发 BIM 软件，并取得了一定的成果。同时，BIM 标准制定方面也取得了进展，出台了一系列与国情相适应的标准和规范。

BIM 技术在国内建筑行业逐渐得到推广和应用，不仅在设计阶段，还在建造、运营和维护阶段发挥了重要作用。越来越多的建筑企业开始采用 BIM 技术进行项目管理，提高了项目的质量和效率。同时，BIM 也逐渐与其他技术融合，如人工智能、大数据、云计算等，为建筑行业带来更多的可能性。

当前，国内 BIM 技术已经进入了创新发展阶段。随着技术的不断发展和应用范围的扩大，BIM 技术正逐步向智能化和集成化方向演进。一些先进的企业已经开始探索将 BIM 技术与物联网、人工智能等先进技术相结合，实现建筑项目的智能化管理和运营。

国家对建筑信息化和智能化发展的重视为 BIM 技术的应用提供了广阔的市场机遇。政府出台了一系列政策文件，鼓励建筑企业采用 BIM 技术进行项目管理，提高建筑行业的信息化水平。同时，随着市场竞争的加剧和客户需求的不断变化，建筑企业也需要不断提高自身的竞争力，而 BIM 技术正是提高竞争力的重要手段之一。

5.3 BIM 技术在智能感知装配式结构中的作用与价值

 **知识要点**

1. BIM 技术与智能感知技术的结合。
2. BIM 技术在智能感知装配式结构中的应用。
3. BIM 技术对智能感知装配式结构的价值。

 **能力目标**

1. 了解 BIM 技术与感知技术的结合，分析其在装配式结构中的潜力和挑战。
2. 结合实践案例，分析 BIM 技术在智能感知装配式结构中的实践和经验教训。

BIM 技术通过其可协同性、可视化性、可模拟性的优点，契合装配式建筑所需求的工业化及协同集约化，被大量用于装配式建筑中。BIM 技术的应用软件可帮助装配式建筑建造生产，如施工组织模拟、管道碰撞检查、构件深化设计等。因此，BIM 技术对装配式建筑是不可缺少的一环，国内外学者对装配式建筑中 BIM 技术应用进行了大量研究。

5.3.1 BIM 技术在装配式建筑中的优势

通过运用 BIM 技术，对工程成本等核心要素进行有效的控制，在保证工程质量的同时也确保了工程在预期的时间和成本内完成，从而体现出 BIM 技术所带来的优势。BIM 技术不仅可以对工程进度、质量、成本带来积极影响，还可以有效地控制设计变更，对设计、招标投标和合同执行中所存在的风险进行有效的规避。此外，BIM 技术对建筑物的各项性能指标也提供了技术上的支持，从而有助于技术创新和保证工程项目的顺利完成。

1. 精细化设计

BIM 技术通过三维建模和数据管理，能够对装配式建筑的预制构件进行详细、精准的设计。设计师可以在虚拟环境中对建筑进行建模，将各个构件的基本信息发送到云端服务器上，然后在云端服务器对构件尺寸、样式等信息进行有效的整合，避免设计冲突，减少返工，从而节省时间和成本。

2. 精密化施工方案

装配式建筑在现场施工吊装工艺比较复杂，对施工作业的机械化程度要求比较高。BIM 技术可以对每个施工环节和安装顺序进行模拟和调整，减少操作失误。此外，BIM 技术还可以进行碰撞测试和预制构件安装模拟检查，以及可视化直观设计检查，查看是否存在碰撞现象、安装工艺是否合理等，从而减少施工过程中出现的偏差，提高施工效率和安全性。

3. 标准化设计

装配式建筑的一个显著特点是采用标准化的预制构件或部品部件。BIM 技术可以通过建立标准化 BIM 构件库，增加 BIM 虚拟构件的数量、种类和规格，逐步构建标准化预制构件库，从而适应装配式建筑的特点。

4. 可视化设计

BIM 技术通过可视化的设计方式，可以使各方更好地理解和协同工作，避免错漏碰缺，实现更加精细化的设计。同时，BIM 模型还可以作为集成平台，使各专业可以基于同一模型进行工作，提高协同设计的效率。

5. 数据分析与优化

BIM 模型包含了建筑的材料信息、工艺设备信息、成本信息等，这些信息可以用来进行数据分析，帮助设计师调整设计策略，实现绿色目标，提高建筑性能。例如，通过对项目日照、投影的分析模拟，可以帮助设计师实现更好的建筑采光和通风设计。

5.3.2　BIM 技术在装配式建筑中的应用

1. 设计策划

（1）体系选型

业主投资一个建设项目时，总想得到预期的产品，获得最大的收益，但从过去几十年建设实践来看，一些业主往往在装配式混凝土项目实施过程及后期使用中表现出诸多不满，如体系选型失败导致投资超额、进度延期、实际功能不到位等。究其原因是多方面的，其中之一为忽视或无法准确地实施项目前期的体系选型。

项目结构体系选型应该根据从适用、经济、美观三点出发，根据项目特点进行结构选型，每种结构形式都有各自的特点和不足，有其各自的适用范围，所以要结合建筑设计的具体情况进行结构选型。

基于 BIM 的项目体系选型具体操作思路大致可分以下三步：

1）在系统形成一个 3D 模型，前期参与各方对该三维模型进行全面的模拟试验，业主能够在工程建设前就直观地看到拟建项目所展示的建筑总体规划、选址环境、单体总貌、平立面分布、景观表现等的虚拟现实。

2）BIM 从 3D 模型的创建职能发展出 4D（3D + 时间或进度）建造模拟职能和 5D（3D + 时间 + 造价）施工的造价职能，让业主能够相对准确地预见到施工的开销花费与建设的时间进度，并预测项目在不同环境和各种不确定因素作用下的成本、质量、产出等变化。

3）业主就可对不同方案进行借鉴优化，并及时提出修改，最终选定一个较为满意的体系选择方案。

（2）BIM 应用策略

BIM 在设计阶段的应用策略通常由模数化设计、标准构件模块、三维协同设计、性能化分析、深化设计组成。各种常见体系的应用策略见表 5-2。

2. BIM 模数策划

通常来讲，现有装配式混凝土建筑设计有两种方式：一是设计单位从构件厂已生产的构件中挑选出满足条件的来使用；二是设计单位根据需求向构件厂定制混凝土构件。

表 5-2　BIM 设计阶段常见体系的应用策略

常见体系	BIM 应用策略
预制装配式剪力墙结构	1. 模数化设计，提高装配率 2. 协同设计 3. 剪力墙、叠合楼板、阳台、楼梯等构件和模块库应用 4. 性能化分析 5. 拆分、节点设计、出图
单（双）面叠合剪力墙结构	1. 模数化设计，提高装配率，加快施工进度 2. 协同设计 3. 单（双）向板墙体、叠合楼板、阳台预制楼梯等构件和模块库应用 4. 性能化分析 5. 拆分、节点设计、出图
预制装配式框架结构	1. 模数化设计，提高装配率，预制模具设计 2. 三维协同设计 3. 柱（柱模板）、叠合梁、外墙、楼板阳台、楼梯等构件和模块库应用 4. 性能化分析，优化结构抗震能力 5. 三维拆分、节点设计、出图
预制装配式框架剪力墙结构	1. 模数化设计，提高装配率 2. 三维协同设计 3. 柱（柱模板）、叠合梁、楼板剪力墙、楼梯等构件和模块库应用 4. 性能化分析 5. 拆分、节点设计、出图

这两种方式中都存在很多不足：

首先，构件厂与设计单位沟通困难，联系不够紧密。国内大部分设计师们设计时并没有充分考虑预制构件的因素，从而不能设计出好的预制装配式建筑作品，也就不能很好地利用已生产的构件类型，同时也从需求上限制了构件的生产。

其次，广大构件厂并没有具备深化设计的能力，没有大量资源投入到科技研发中，新品开发速度缓慢，造成了他们不能满足设计单位的定制要求，也影响了经济效益。

同时，构件生产也是围绕项目展开的一系列高度连续协作的过程，是由多个部门共同协作完成的。在整个设计过程中，每个部门都可能根据需要和要求对其设计做出数次修改，而这些修改对其他部门的设计工作往往造成非常大的影响。这样在设计、生产和施工过程中，就会由于相互的不协调产生很多问题。

借助 BIM 可以实现装配式建筑设计流程变革，从根本上发挥工业化建筑的设计优越性，实现一体化的设计过程，提高项目全过程的合理性、经济性。

3. 制定符合各体系的 BIM 构件与模块库

（1）BIM 构件

基本概念：BIM 平台具有"构件"的概念，即设计平台中所有的图元都基于构件，如

图 5-2 所示。特定的构件就相当于"预制模块"，这种思想与工业化制造的过程是不谋而合的，具有相同材料、相同结构、相同功能、相同加工工艺的单元可以进行构件生产。

特点：BIM 模型由很多元素构成，每个元素都包括基本数据和附属数据两个部分，基本数据是对模型本身的特征及属性的描述，是模型元素本身所固有的，如地质条件、建筑的结构特征、建筑面积等。由于模型元素都是参数化和可计算的，因此可以基于模型信息进行各种分析和计算。

BIM 的预制构件包含了初始对象的识别信息，如墙、梁、楼板、柱、门窗、楼梯等，涵盖了预制构件的各个种类。不同的构件具有不同的初始参数和信息，如标准矩形梁有截面尺寸和长度等信息。BIM 构件库如图 5-2 所示。

图 5-2　BIM 构件库

BIM 通过参数化驱动实现构件的模数化，与后期的生产制造、运输和装配挂钩。例如，可以设置基本模数为 100mm，规定 1500mm 以上的尺寸要用扩大模数，扩大模数可选用 3M、6M、15M 等，这不仅可使建筑各部分的尺寸互相配合，而且把一些接近的尺寸统一起来，减少构配件的规格，便于工业化生产。模数化构件如图 5-3 所示。

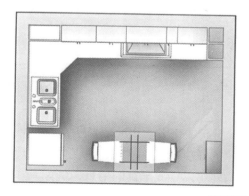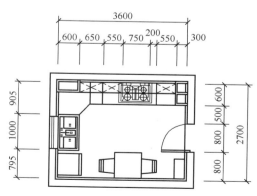

图 5-3　模数化构件

BIM 的参数化驱动包含三个层次：

1）尺寸驱动。当设计人员改变了轮廓尺寸数值的大小时，轮廓将随之发生相应的变化。如果给轮廓加上尺寸，同时明确线段之间的约束，计算机就可以根据这些尺寸和约束控制轮廓的位置、形状和大小。在 BIM 的构件里可以对任意对象的长度、角度、半径、弧长等设置尺寸参数，族群可以在项目中根据尺寸大小需要而改变。BIM 的对象约束和尺寸锁定功能，可以将不同构件之间相互关联，这是尺寸驱动的特例。

2）变量驱动，也叫作变量化建模技术。变量驱动将所有的设计要素，如尺寸、约束条件、工程计算条件甚至名称，都视为设计变量，同时允许用户定义这些变量之间的关系式，以及程序逻辑，从而使设计的自动化程度大大提高。变量驱动进一步扩展了尺寸驱动这一技术，使设计对象的修改增加了更大的自由度。

3）数学关系式驱动。数学关系式是指由用户建立的数学表达式，用来反映尺寸或参数之间的数学关系，这种数学关系本质上反映了专业知识和设计意图。关系式像尺寸和约束一样，可以驱动设计模型。关系式发生变化以后，模型也将跟着发生变化。利用尺寸、变量约束只能建立两个长度相等的边，而使用关系式则可以使得两个边保持特定的函数关系。BIM 除了通过尺寸参数驱动外，还能添加关系式，让编程变得可视化。

BIM "构件" 具有实际的构造，且有模型深度变化，用以对应不同设计阶段的模型，例如，方案阶段墙体主要是几何体，扩初阶段墙体开始有构造和材质，施工图阶段有墙体具有保温材料、防水材料类型、空气夹层等。可以通过事先录入常用的不同深度的预制构件模块到 BIM 平台中，来提高设计速度（表 5-3）。

表 5-3　BIM 构件的阶段化

Lv1 （策划）	1. 简单的占位图元，只包含尽量少的细节，能够辨识即可 2. 粗略的尺寸 3. 不包含制造商信息和技术参数 4. 使用统一的材质
Lv2 （协同设计）	1. 包含部分建模数据与技术信息，建模详细度足以辨别对象类型及组件材质，细节可以用二维图代替 2. 包含二维细节，用于生成最大深度为 1:50 比例的平面图
Lv3 （深化）	1. 包含较全的建模数据与技术信息，建模详细度足以生成必备的节点构造 2. 包含二维细节，用于生成最大深度为 1:50 比例的平面图

除了标准的 "构件" 之外，当然也可以自定义较特殊的 "构件"。通过多个项目的积累，可以使得构件库变丰富。

BIM "构件" 的可被赋予信息，可被用于计算、分析或统计。BIM 集成了建筑工程项目各种相关信息的工程数据，是对该工程项目相关信息的详尽表达。这样，不仅可以实现多专业的协同，而且可以支持整个项目的管理。BIM 的构件可以集成丰富的信息，例如，在预制墙体添加自定义参数：防火等级、混凝土强度等级（C20、C25、C30、C40、C50 等）、钢筋的型号，及材料物理信息（可用于性能化分析）、材质信息、是否为预应力混凝土构件等。

（2）不同体系的 BIM 装配式构件

常见装配式构件见表5-4，常见预制构件见表5-5。

表5-4　常见装配式构件

序号	构件类型
1	结构构件及外墙构件
2	轻质隔墙构件
3	楼梯与电梯等交通构件
4	门窗构件
5	屋顶与顶棚构件
6	厨房、卫生间构件
7	阳台和露台构件
8	地面与基础构件
9	设备构件
10	管线构件
11	其他构件

表5-5　常见预制构件

序号	主要结构体系类型	主要 BIM 预制构件
1	预制装配式剪力墙工法体系	预制剪力墙、叠合楼板、阳台、预制楼梯
2	叠合板混凝土剪力墙工法体系	双向板墙体、叠合楼板、阳台、预制楼梯
3	预制装配式框架工法体系	柱（柱模板）、叠合梁、外墙、楼板、阳台、楼梯
4	预制装配式框架剪力墙工法体系	柱（柱模板）、叠合梁、楼板、剪力墙、预制楼梯

（3）BIM 模块

BIM 模块是构件集成的产物，属于成套实用技术，它是通过 BIM 将工程施工中通常要遇到的各种专门化建造技术成套化而成的，如防水技术、排烟通风道技术、轻质隔墙技术、保温隔热技术等。实用技术成套化，预示着装配式建筑质量和生产效率的进一步提高及成本的进一步降低，也是装配式建筑发展的必备因素。

4. BIM 辅助施工组织策划

（1）4D 施工进度模拟

工程施工是个很复杂的过程，尤其是预制混凝土建筑项目，在施工过程中涉及参与方众多，穿插预制工序也很复杂。在预制施工项目中，传统的施工计划编制和应用多适用于工程技术人员及管理层，不能被参与工程的各级人员广泛理解和接受，从而导致了预制构件装配程序的凌乱；此外，预制构件必须在现场施工组装之前，制造完成，并满足施工质量要求。因此，除了良好、详细、可行的施工计划外，项目各参与方必须清楚知道相互装配计划，尤其是项目管理者需要清楚了解项目计划及目前状态。

而直观的 4D 施工进度模拟能使各参与方看懂、了解彼此共组计划。BIM 技术能把传统的横道图转换为三维的建造模拟过程。BIM 模型构件关联计划、时间，分别用不同颜色表示"已建""在建""延误"等，形象地表现预制混凝土项目在实施过程中的动态拼装状况，实现施工的经济性、安全性、合理性。在开始施工前，必须制订周密的施工组织计划，帮助各方管理人员清楚发现施工现场的滞后、提前、完工等情况，从而帮助管理人员合理调配装配工人及后续预制构件到场类型及数量。4D 施工进度模拟如图 5-4 所示。

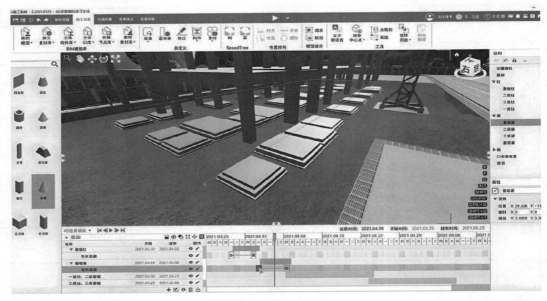

图 5-4　4D 施工进度模拟

（2）预制场地环境布置

预制项目在运送构件或施工大型机械设备时需要多种大型车辆，因此车辆的动线设计、施工现场的车辆及预制构件临时堆放点将会是重要考量因素。同时，施工场地布置由于随施工进度推进呈动态变化，然而传统的场地布置方法并没有紧密结合施工现场动态变化的需要，尤其是对施工过程中可能产生的预制构件堆放点、施工塔吊、机械设备等可能的安全冲突问题考虑欠缺。基于 BIM 技术的施工场地及周边环境模拟是指，基于 BIM 模型及理念，运用 BIM 工具对施工场地布置方案中难以量化的潜在空间冲突进行量化分析，同时结合现有预制工法的其他主要指标，构建更完善的施工场地布置方案评估的指标体系，进一步运用灰色关联度分析，对优化后的指标体系下不同阶段的不同布置方案进行分别评价，最后用场地布置模拟说明施工场地动态布置的总体方案。施工场地布置如图 5-5 所示。

5. BIM 辅助成本管理

成本是工程项目的核心，对建筑行业来说，对成本的控制主要体现在工程造价管理上。工程造价管理信息化是工程造价管理活动的重要基础，是主导工程造价管理活动的发展方向。

在造价全过程管理中，运用信息技术能全面提升建筑业管理水平和核心竞争力，提高现有的工作效率，实现预制项目的利润最大化。BIM 技术通过三维预制构件信息模型数据库，服务于建造的全阶段。

（1）预制建筑与 BIM 工程量

在预制项目的成本管理中，工程量是不可缺少的基础，只有做到工程量计量准确，才能

图 5-5　施工场地布置

对项目成本进行控制。通过 BIM 技术建立的三维模型数据库，在整个工程量统计工作中，企业无须抄图、绘图等重复工作量，从而降低工作强度，提高效率。此外，通过模型统计的工程量不会因为预制构件结构的形状或者管道的复杂而出现计算偏差。

（2）预制建筑与 5D 管理

预制混凝土建筑项目中利用 BIM 数据库的创建，通过 3D 预制构件与施工计划、构件价格等因素相关联，建立 5D 关联数据库。数据库可以准确快速计算预制构件工程量，提升施工预算的精度与效率。由于 BIM 数据库的数据粒度达到构件级，可以快速提供支撑项目各条线管理所需的数据信息，有效提升施工管理效率。同时 BIM 数据库可以实现任意一点上工程基础信息的快速获取，通过合同、计划与实际施工的消耗量、分项单价、分项合价等数据的多算对比，可以有效了解项目阶段运营盈亏、消耗量有无超标、进货分包单价有无失控等问题，实现对项目成本风险的有效管控。5D 成本管理如图 5-6 所示。

5.3.3　BIM 技术在装配式建筑中的应用案例

1. 工程概况

项目名称：坪山某保障房（图 5-7）。

本工程位于深圳市坪山新区某社区内，场地东侧为湿地公园，北侧为社区及主干路。该项目分为东西两地块，东侧地块为地块一，西侧地块为地块二，由 10 栋（14 座）住宅楼和 1 栋幼儿园组成。

2. BIM 应用

1）使用软件 Revit 2015 以上的版本作为本项目 BIM 信息技术应用设计软件。

2）组建 BIM 工作团队。BIM 设计团队由三类角色组成：BIM 经理、BIM 协同员和 BIM 设计师。

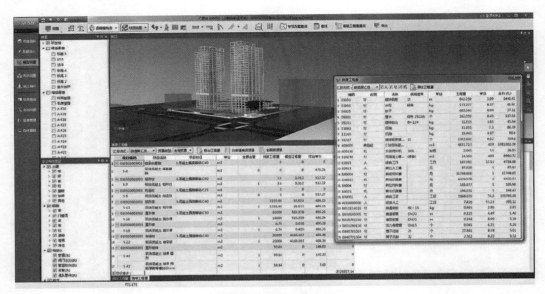

图 5-6　5D 成本管理

图 5-7　项目效果图

3）创建 BIM 设计协同平台。BIM 使用中心文件和工作集使建筑、结构、给水排水、暖通、电气、装饰等各专业基于一个模型进行工作，各专业可随时与中心文件同步。

4）碰撞检查。通过 BIM 进行三维碰撞检测，使各专业间的冲突直观地显现出来，避免设计失误。

5）交付及维护。建立以 BIM 模型为基础的建筑＋互联网的信息平台，集成 RFID、移动终端等信息化创新技术，实现建筑在深化设计、生产、运输、施工及运维全生命期的信息交互与共享。

6）通过移动终端关联 BIM 信息平台，指导构件现场安装，进行现场施工进度管理、施工方案、平面布置三维模拟及可视化，集成建造过程信息，为后期运维提供数据基础。

第**6**章
智能建造融合现代化技术

6.1 智能建造与 BIM 技术

 知识要点

1. BIM 技术在智能建造方面的优势。
2. BIM 技术在智能建造方面的应用。

 能力目标

1. 了解 BIM 技术在智能建造方面的优势。
2. 掌握 BIM 技术的应用。

6.1.1 BIM 在项目前期规划中的应用

项目前期策划虽然是最初的阶段，但是对整个项目的实施和管理起着决定性的作用，对项目后期的实施、运营也具有决定性的作用。

在项目规划阶段，业主需要确定出项目建设方案是否既具有技术与经济可行性又能满足类型、质量、功能等要求。一般只有花费大量的时间、金钱与精力，才能得到可靠性较高的论证结果。而 BIM 技术可以为广大业主提供概要模型，针对项目建设方案进行分析、模拟费用，从而为整个项目的建设降低成本、缩短工期并提高质量。BIM 在项目前期规划阶段的应用主要包括现状分析、场地分析、成本估算、规划编制、建筑策划等，详细应用情况见表6-1。

表 6-1 BIM 在项目前期规划阶段的主要应用

序号	应用方面概要	主要应用具体情况
1	现状分析	把现状图样导入到基于 BIM 技术的软件中，创建出场地现状模型，根据规划条件创建出地块的用地红线及道路红线，并生成道路指标。之后创建建筑体块的各种方案，创建体量模型，做好交通景观、管线等综合规划，进行概念设计，建立起建筑物初步的 BIM

（续）

序号	应用方面概要	主要应用具体情况
2	场地分析	根据项目的经纬度借助相关软件采集此地气候数据，并基于 BIM 数据利用分析软件进行气候分析、环境影响评估，包括日照、风、热、声环境影响等评估。某些项目还要进行交通影响模拟
3	成本估算	应用 BIM 技术强大的信息统计功能，可以获取较为准确的土建工程量，即可以直接计算本项目的土建造价，还可提供对方案进行补充和修改后所产生的成本变化，可快速知道设计变化对成本的影响，衡量不同方案的造价优劣
4	规划编制	用模型、漫游动画、管线碰撞报告、工程量及经济技术指标统计表等 BIM 技术的成果编制设计任务书等
5	建筑策划	利用参数化建模技术，可以在策划阶段快速组合生成不同的建设方案

BIM 在项目前期规划的实施控制要点如下：

（1）场地规划与分析

场地规划是研究影响建筑物定位的主要因素，是确定建筑物的空间方位和外观、建立建筑物与周围景观联系的过程。在场地规划阶段，场地的地貌、植被、气候条件都是影响设计决策的重要因素，往往需要通过场地分析来对景观规划、环境现状、施工配套及建成后交通流量等各种影响因素进行评价及分析。传统的场地分析存在诸如定量分析不足、主观因素过重、无法处理大量数据信息等弊端，而通过 BIM 结合地理信息系统（GIS），对场地及拟建的建筑物空间数据进行建模，利用 BIM 及 GIS 软件的强大功能，能迅速得出令人信服的分析结果，帮助项目在规划阶段评估地的使用条件和特点，从而做出新建项目最理想的场地规划、交通流线组织关系、建筑布局等关键决策。

采用 BIM 技术进行场地分析，可真实展示项目场地与周边建筑的关系，反映建筑物与自然环境的相互影响。要以合理的土地利用、和谐的院区空间、清晰的交通流线和绿色的康复环境为最终目标和原则，重点解决建筑布局、地上与地下空间利用方式、环境质量（日照、风速等）及无障碍设计等方面的问题。

（2）体量建模

在项目的早期规划阶段，BIM 的体量功能能帮助设计师进行自由形状建模和参数化设计，并能够让使用者对早期设计进行分析。同时借助 BIM，设计师可以自由绘制草图，快速创建三维形状，交互处理各个形状。BIM 也为建筑工程师、结构工程师和室内设计师提供了更大的灵活性，使他们能够表达想法，并创建可在初始阶段集成到 BIM 中的参数化体量。以 Revit 为例，利用其概念体量功能，设计师能对设计意图进行推敲，并根据实际情况实时进行基本技术指标的优化。

（3）建筑性能分析

建筑性能分析，也就是将 BIM 文件导入专业的性能分析软件，或者直接构建分析模型，对规划及方案设计阶段的建筑物的日照、采光、通风、能耗、声学等建筑物理性能和建筑使用功能进行模拟分析。通过基于 BIM 的参数化建模软件如 Revit 的应用程序接口 API，将 BIM 文件导入到各种专业的可持续分析工具软件（如 Ecotect 软件）中，可以进行日照、可视度、光环境、热环境、风环境等的分析、模拟。在此基础上，对整个建筑的能耗、水耗和碳排放进行分析、计算，使建筑设计方案的能耗符合标准，从而可以帮助设计师更加准确地评估方案对环境的影响程度，优化设计方案，将建筑对环境的影响降到最低。

（4）设计方案比选

初步完成设计场地的分析工作后，设计单位应对任务书中的建筑面积、功能要求、建造模式和可行性等方面进行深入分析，与单位决策人员、管理人员等反复沟通确定建筑设计的基本框架，包括平面基本布局、体量关系模型等内容。在实现建筑使用功能的前提下，对多种可行的外观装饰、功能布置、施工方法等进行比选。

（5）建筑成本估算

建筑成本估算对项目决策来说，有着至关重要的作用。一方面，此过程通常由预算员先将建筑设计师的纸质图样数字化，或将其 CAD 图纸导入成本预算软件中，或者利用图纸手工算量。上述方法增加了出现人为错误的风险，也使原图纸中的错误继续扩大。如果使用 BIM 来取代图纸，所需材料的名称、数量和尺寸都可以在模型中直接生成，而且这些信息将始终与设计保持一致。在设计出现变更时，如窗户尺寸缩小，该变更将自动反映到所有相关的施工文档和明细表中，预算员使用的所有材料的名称、数量和尺寸也会随之变化。另一方面，预算员花在计算数量上的时间在不同项目中有所不同，但在编制成本估算时，50% ~ 80% 的时间要用来计算数量。而利用 BIM 算量有助于快速编制更为精确的成本估算，并根据方案的调整进行实时数据更新，从而节约了大量时间。

6.1.2 BIM 在项目设计阶段的应用

1. 初步设计

初步设计阶段是介于方案设计和施工图设计之间的过程，是对方案设计进行细化的阶段。此阶段主要应用 BIM 可视化、参数化和集成协同性的优势，确定建筑物内部水、暖、电、消防设备等系统的选型及其在建筑内部的初步布置。

（1）专业模型深化

建筑和结构专业模型的深化主要目的是利用 BIM 软件，进一步细化建筑、结构专业在方案设计阶段的三维几何实体模型，以完善建筑、结构设计方案，提高模型的建模深度，为初步设计阶段的应用模拟提供模型基础。建筑与结构平面、立面、剖面检查的主要目的是通过剖切建筑和结构专业整合模型，检查建筑和结构的构件在平面、立面、剖面位置是否一致，从而消除设计中出现的建筑、结构不统一的错误。

（2）设备选型分析

对建筑内部的电梯、空调系统等设备进行初步选型，确定其基本需求参数，并对其在建筑结构模型中的适配性进行模拟分析，选择在功能参数、几何尺寸、造价指标、使用维护等方面合适且有效的主要设备系统，从而完成建筑设备选型分析工作。

（3）机电专业模型

机电专业模型构建主要是利用 BIM 软件建立初步设计阶段的强弱电、给水排水、暖通、消防等机电专业的三维几何实体模型，主要涉及主管、干管及重要构件的模型信息内容。机电专业模型构建时，应注意以下问题：

1) 机电专业建模应采用与建筑、结构模型一致的轴网和模型基准点。

2) 机电各专业模型初步构建后，应进行初步的管线综合，提前考虑主管、干管及重要构件对净空高度、安装空间、管线美观等因素的影响。

3) 机电模型深度和构件要求应符合此阶段的设计内容及基本信息要求。

2. 施工图设计阶段

施工图设计阶段是建筑项目设计的重要阶段，是项目设计和施工的桥梁。这一阶段主要通过施工图及模型，表达建筑项目的设计意图和设计结果，并作为项目现场施工的依据。施工图设计阶段的 BIM 应用是各专业模型构建并进行优化设计的复杂过程。

（1）各专业模型构建

基于扩初阶段的 BIM 和施工图设计阶段的设计成果，应用 BIM 软件进一步构建各专业的信息模型，主要包括建筑、结构、强弱电、给水排水、暖通、消防等专业的三维几何实体模型。各专业模型应满足施工图设计阶段模型的深度要求。在各专业模型建模的过程中，由于涉及专业较多，核查难度相比建筑、结构专业之间要高出许多，在建模及核查过程中建议多人协同进行，发现问题应及时解决。设计单位在此阶段利用 BIM 技术的协同功能，可以提高专业内和专业间的协同设计质量，减少"错漏碰缺"，提前发现设计阶段潜在的风险和问题，及时调整和优化方案。

（2）碰撞检测及三维管线综合

在现阶段的建筑机电安装工程项目中，管道的复杂性越来越高，在有限空间中涉及的专业也越来越多，如给水排水、消防、通风、空调、电气、智能化等专业，同时，安装工程设计的好坏会直接关系到整个工程的质量、工期、投资和预期效果。因此，要以三维数字技术为基础，对建筑物管道设备建立仿真模型，将管线设备的二维图进行集成和可视化，在设计过程中自动检测管线与管线之间、管线与建筑结构之间的冲突，发现实体模型对象占用同一空间（"硬碰撞"）或者是间距过小无法实现足够通路、安全、检修等功能问题（"软碰撞"），然后通过调整管线、优化布局，解决所有"硬碰撞""软碰撞"问题，减少在建筑施工阶段由于图纸问题带来的损失和返工，实现管线综合优化布置。

（3）绿色分析

BIM 技术可用于：分析影响绿色条件的采光能源效率和可持续性材料等建筑性能的方方面面；分析、实现最低的能耗，并借助通风、采光、气流组织及视觉对人心理感受的控制等，实现节能环保；在项目方案完成的同时计算日照、模拟风环境等。目前包括 Revit 在内的绝大多数 BIM 相关软件都可以将其模型数据导出为各种分析软件专用的 GBXML 格式。BIM 的某些特性（如参数化、构件库等）使建筑设计及后续流程针对上述分析的结果有非常及时和高效的反馈。BIM 的绿色分析能将建筑各项物理信息分析从设计后期显著提前，有助于建筑师在方案甚至概念设计阶段进行绿色建筑相关的决策。

（4）竖向净空分析

竖向净空分析是指通过优化地上部分的土建、动力、空调、热力、给水排水、强弱电和消防等综合管线，在无碰撞情况下，通过计算机自动获取各功能分区内的最不利管线排布，绘制各区域机电安装净空区域图。基于 BIM 的竖向净空优化具体操作流程如下：

1）收集数据，并确保数据的准确性。

2）确定需要净空优化的关键部位，如走道、机房、车道上空等。

3）在不发生碰撞的基础上，利用 BIM 软件等工具和手段，调整各专业的管线排布模型，最大化提升净空高度。

4）审查调整后的各专业模型，确保模型准确。

5）将调整后的 BIM 文件及相应深化后的 CAD 文件，提交给建设单位确认。

其中，对二维施工图难以直观表达的结构、构件、系统等，提供三维透视图和轴测图等，以三维施工图形式辅助表达，为后续深化设计、施工交底提供依据。

（5）施工图出图

BIM 具有建筑的完整几何配置及构件尺寸和规格，并带有比图纸更多的信息。在传统的二维出图过程中，任何更改和编辑都必须由设计师人为转换到多张图纸，因而存在着由于疏漏而导致的潜在人为错误。反观以 BIM 为基础的施工图出图，由于每个建筑模型构件个体只表示一次，构件个体如形状、属性和模型中的位置，根据建筑构件个体的排列，所有图纸、报表和信息集都可以被拾取。这种非重复的建筑表现法，能确保所有的图纸、报告和分析信息一致，可以解决图纸的错误来源。同时 BIM 软件本身具有联动性，也确保了对模型进行修改后所有涉及的图纸同步发生相应的修改，也就提高了设计师修改的效率，也可以避免人为的疏漏。

6.1.3 BIM 在预制构件工厂生产中的应用

装配式建筑需要将各个部品部件拆分成独立单元，梁、柱、内外墙、叠合板、楼梯、阳台、空调板需要工厂预制加工生产。基于 BIM 的数字化工厂生产将包含在 BIM 里的构件信息准确地、不遗漏地传递给构件加工单位进行构件加工。BIM 的应用不仅解决了工厂生产构件的信息创建、管理与传递的问题，而且 BIM 对装配模拟、加工制造、运输、存放、测绘、安装的全程跟踪技术为数字化建造奠定了坚实的基础。

1. 构件数字化生产管理系统

装配式建筑预制构件加工生产阶段，需要构建一个数字化生产管理系统，实现构件生产排产、物料采购、模具加工、生产控制、构件查询、构件库存和运输的数字化、信息化管理。基于传统工厂管理的 ERP（企业资源计划）、MES（制造企业生产过程执行系统）、WMS（仓库管理系统），构件生产管理系统包括以下主要功能。

（1）构件生产信息管理

通过手工导入 BIM 或与 BIM 协同设计平台打通数据接口的方式，获取构件深化设计 BIM 数据，实现构件设计信息到构件生产信息的传递和共享，避免大量烦琐构件生产数据信息的二次输入和输入数据的失真，达到设计生产一体化的信息共享。在进一步导入构件 BIM 数据的基础上，创建构件生产加工信息表，并关联各个构件对应的二维码、预埋的 RFID 芯片等，生成构件生产信息。

（2）生产计划排产管理

根据施工进度计划，按照项目工期要求，综合考虑构件生产加工工序、各工序作业时间、现场构件吊装顺序，自动优化生成构件的生产排产计划，包括构件模具计划、生产计划、存储计划、发货计划、每日生产任务单、每日发货计划单，并通过生产、发货反馈进行进度控制。构件生产计划编制的好坏直接影响到构件的质量、进度与成本，是构件生产管理最核心的内容。

（3）物料采购管理

运用 ERP 中的物料需求计划，为每个构件的设计型号编制物料清单表，计算出项目成本及需要采购的原材料数量。根据生产排产计划制订物料采购计划，在生产过程中实时记录构件生产过程中的物料消耗，关联构件生产信息，通过分析构件生产的物料所需量，对比物料库存及需求量，自动生成物料采购报表，适时提醒向物料供应商下单采购。

（4）生产质量管理

记录构件生产中的各种质量问题，运用数据统计手段分析构件出现生产质量问题的原因，并通过系统实时反馈的质量及实验数据进行质量控制。

（5）构件堆场管理

通过构件二维码信息，关联不同类型构件的产能及现场需求，自动排布构件成品存储计划、产品类型及数量，并可通过构件二维码及 RFID 扫描快速确定所需构件的具体位置。

2. 构件智能化加工

构件智能化加工的核心思想是将构件深化设计 BIM 数据与构件自动化生产设备相关联，打通构件设计信息模型和工厂自动化生产线协同之间的瓶颈，实现装配式预制构件的智能化加工和自动化生产。通过这种数字化加工生产方式可以大幅提升装配式构件的生产率和质量。

构件智能化加工由中央控制系统自动提取构件 BIM 设计信息，以规定格式的数据文件输出，再导入生产线各数字化加工设备，由各加工设备的控制计算机识别构件加工所需数据信息，即可实现包括画线定位、模具摆放、成品钢筋摆放、混凝土浇筑振捣、刮杆刮平、预养护、抹平、养护、拆模、翻转、起吊等一系列工序在内的构件数字化、智能化加工生产。

3. 基于物联网＋GPS/北斗的构件物流运输管理

装配式建筑预制构件生产过程中会预埋 RFID 芯片，并赋予每个构件唯一的二维码。通过扫描 RFID 芯片，结合 GPS/北斗，可对预制构件的出厂、运输、进场进行全程追踪监控，并通过无线网络实时传递信息到工厂生产管理系统和施工现场管理系统，完成整个预制构件物流运输过程的全程数字化管理，有效地掌握预制构件的物流和安装进度信息。

4. 构件质量追溯系统

构件质量追溯系统是以单个构件为基本管理单元，以 RFID 芯片或二维码为跟踪手段，采集原材料进场、生产过程检验、入库检验、装车运输、施工装配、验收等全过程信息，通过唯一性编码，关联构件生产、运输、施工装配等各环节信息，实现装配式预制构件的质量溯源和统计分析。构件质量追溯系统为政府监管部门、建设单位、设计单位、构件生产企业、物流企业、施工单位、监理单位等各方提供预制构件质量追溯信息查询服务。

6.1.4　BIM 在项目施工阶段的应用

1. 施工准备

（1）施工图深化

深化设计是指在建设单位或设计院提供的条件图或原理图基础上，结合施工现场的实际情况，对图纸进行细化、补充和完善。施工单位依据设计单位提供的施工图和施工图设计模型，根据自身施工特点及现场情况，建立、完善、深化设计模型。该模型应该根据实际采用的材料设备、实际产品的基本信息构建模型和进行模型深化。BIM 工程师结合自身专业经验或与施工技术人员配合，对建筑信息模型的施工合理性、可行性进行甄别，并进行相应的调整优化，同时，对优化后的模型进行碰撞检测。施工深化设计模型通过建设单位、设计单位、相关顾问单位的审核确认，最终生成可指导施工的三维图形文件、二维深化施工图、节点图。

（2）图纸会审

项目施工的主要依据是施工图，图纸会审是解决施工图设计本身所存在问题的有效方法。在传统的图纸会审的基础上，结合 BIM 总包所建立的本工程的 BIM，对照施工图，相互排查，若发现施工图所表述的设计意图与 BIM 不相符，则重点检查 BIM 的搭建是否正确；在确保 BIM 是完全按照施工图搭建的基础上，运用 Revit 进行碰撞检查，找出各个专业之间及专业内部之间设计上发生冲突的构件，同样采用模型配以文字说明的方式提出设计修改意见和建议。

（3）施工场地规划

施工场地规划是对施工各阶段的场地地形、既有建筑设施、周边环境、施工区域、临时道路、临时设施、加工区域、材料堆场、临水临电、施工机械、安全文明施工设施等进行规划布置和分析优化，以保证场地布置的科学合理性。根据施工图设计模型或深化设计模型、施工场地信息、施工场地规划、施工机械设备选型初步方案及进度计划等，创建或整合相应模型，并附加相关信息进行经济技术模拟分析，如工程量比对、设备负荷校核等。依据模拟分析结果，选择最优施工场地规划方案，生成模拟演示视频并提交施工部门审核，最后编制场地规划方案并进行技术交底。

（4）技术交底

利用 BIM 不仅可以快速地提取每一个构件的详细属性，让参与施工的所有人员从根本上了解每一个构件的性质、功能和所发挥的作用，还可以结合施工方案和进度计划，进行 4D 施工模拟，采用多媒体可视化交底的方式，对施工过程的每一个环节和细节进行详细的讲解，确保参与施工的每个人都在施工前对施工的过程认识清晰。

2. 施工进度与质量管控

（1）施工模拟及进度控制

在三维几何模型的基础上，增加时间维度，从而进行 4D 施工模拟。通过安排合理的施工顺序，在劳动力、机械设备、物资材料及资金消耗量最少的情况下，按规定的时间完成满足质量要求的工程任务，实现施工进度控制。根据不同深度、不同周期的进度计划要求，创建项目工作分解结构（WBS），分别列出各进度计划的活动（WBS 工作包）内容。根据施工方案确定各项施工流程及逻辑关系，制订初步施工进度计划，将进度计划与模型关联，生成施工进度管理模型。利用施工进度管理模型进行可视化施工模拟，检查施工进度计划是否满足约束条件，是否达到最优状况。若不满足，需要进行优化和调整。优化后的计划可作为正式施工进度计划，经项目经理批准后，报建设单位及工程监理审批，用于指导施工项目实施。结合虚拟设计与施工（VDC）、增强现实（AR）、激光扫描（LS）和施工监控及可视化中心等技术，实现可视化项目管理，对项目进度进行更有效的跟踪和控制。在选用的进度管理软件系统中输入实际进度信息后，通过实际进度与项目计划间的对比分析，发现两者之间的偏差，指出项目中存在的潜在问题。对进度偏差进行调整及更新目标计划，以达到多方平衡，实现进度管理的最终目的，并生成施工进度控制报告。

（2）工程计量统计

施工阶段的工程计量统计，即在施工图设计模型和施工图预算模型的基础上，按照合同规定深化设计，按照工程量计算要求深化模型，同时依据设计变更、签证单、技术核定单和工程联系函等相关资料，及时调整模型，据此进行工程计量统计。工程计量统计的主要步骤如下：

1）形成施工过程造价管理模型，即在施工图设计模型和施工图预算模型的基础上，依据施工进展情况，在构件上附加"进度"和"成本"等相关属性信息。

2）维护模型，即依据设计变更、签证单、技术核定单和工程联系函等相关资料，对模型做出及时调整。

3）施工过程造价动态管理，即利用施工造价管控模型，按时间进度、施工进度、空间区域实时获取工程量信息数据，并分析、汇总和制表处理。

4）施工过程造价管理工程量计算，即依据 BIM 计算获得的工程量，进行人力资源调配、用料领料等方面的精准管理。

（3）设备与材料管理

应用 BIM 技术对施工过程中的设备和材料进行管理，达到按施工作业业面配料的目的，实现施工过程中设备、材料的有效控制，提高工作效率，减少浪费。在深化设计模型中添加或完善楼层信息、构件信息、进度表和报表等设备与材料信息。按作业面划分，从 BIM 中输出相应的设备、材料信息，通过内部审核后，提交给施工部门审核。根据工程进度实时输入变更信息，包括工程设计变更、施工进度变更等。

（4）质量管理

基于 BIM 技术的质量管理，通过现场施工情况与模型的对比分析，从材料、构件和结构三个层面控制质量，有效避免常见质量问题的发生。BIM 技术的应用丰富了项目质量检查和管理的模式，将质量信息关联到模型，通过模型预览，可以在各个层面上提前发现问题。基于 BIM 的工程项目质量管理包括产品质量管理、技术质量管理和施工工序管理：

1）产品质量管理。BIM 模型储存了大量的建筑构件、设备信息，通过软件平台，可快速查找所需的材料及构配件信息，规格、材质、尺寸要求等，并可根据 BIM 设计模型，可对现场施工作业产品进行追踪、记录、分析，掌握现场施工的不确定因素，避免不良后果的产生，监控施工质量。

2）技术质量管理。通过 BIM 的软件平台动态模拟施工技术流程，再由施工人员按照仿真施工流程施工，确保施工技术信息的传递不会出现偏差，避免实际做法和计划做法不一样的情况出现，减少不可预见情况的发生，监控施工质量。

3）施工工序管理。施工工序管理就是对工序活动条件即工序活动投入的质量和工序活动效果的质量及分项工程质量的控制。

3. 安全管控

BIM 技术不仅可以通过施工模拟提前识别施工过程中的安全风险，而且可以利用多维模型让管理人员直观了解项目动态的施工过程，进行危险识别和安全风险评估。基于 BIM 技术的施工管理可以保证不同阶段、不同参与方之间信息的集成和共享，保证了施工阶段所需信息的准确性和完整性，有效地控制资金风险，实现安全生产。BIM 技术在工程项目安全施工的实施要点如下：

（1）施工准备阶段安全控制

在施工准备阶段，利用 BIM 进行与实践相关的安全分析，能够降低施工安全事故发生的可能性。

如 4D 模拟与管理和安全表现参数的计算可以在施工准备阶段排除很多建筑安全风险、重大危险源；BIM 虚拟环境划分施工空间，可以排除安全隐患，保障施工安全，如图 6-1 所示。

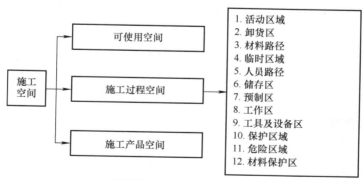

图 6-1　施工空间划分图

（2）施工过程仿真模拟

仿真分析技术能够模拟建筑结构在施工过程中不同时段的力学性能和变形状态，为结构安全施工提供保障。在 BIM 的基础上，开发相应的有限元软件接口，实现三维模型的传递，再附加材料属性、边界条件和荷载条件，结合先进的时变结构分析方法，便可将 BIM 4D 技术和时变结构分析方法结合起来，实现基于 BIM 的施工过程结构安全分析，有效预警施工过程中可能存在的危险状态，指导安全维护措施的编制和执行，防止发生安全事故。

（3）模型试验

对于结构体系复杂、施工难度大的结构，结构施工方案的合理性与施工技术的安全可靠性都需要验证，为此，利用BIM技术建立试验模型，对施工方案进行动态展示，从而为试验提供模型基础信息。

（4）施工动态监测

对施工过程进行实时施工监测，特别是重要部位和关键工序，可以及时了解施工过程中结构的受力和运行状态。三维可视化动态监测技术较传统的监测手段具有可视化的特点，可以人为操作，在三维虚拟环境下漫游来直观、形象地提前发现现场的各类潜在危险源，更便捷地查看监测位置的应力应变状态，在某一监测点应力或应变超过拟定的范围时，系统将自动报警。

（5）防坠落管理

坠落危险源包括尚未建造的楼梯井和天窗等，通过在BIM中的危险源存在部位建立坠落防护栏杆构件模型，能够清楚地识别多个坠落风险；可以向承包商提供完整且详细的信息，包括安装或拆卸栏杆的地点和日期等。

（6）塔式起重机安全管理

在整体BIM施工模型中布置不同型号的塔式起重机，能够确保其同电源线和附近建筑物的安全距离，确定哪些员工在哪些时候会使用塔式起重机。在整体施工模型中，用不同颜色的色块来表明塔式起重机的回转半径和影响区域，进行碰撞检测，确认塔式起重机回转半径内的危险源。

（7）灾害应急管理

利用BIM及相应灾害分析模拟软件，可以在灾害发生前，模拟灾害发生的过程，分析灾害发生的原因，制定避免灾害发生的措施，以及发生灾害后人员疏散、救援支持的应急预案，在发生意外时可减少损失并赢得宝贵时间。BIM能够模拟人员疏散时间、疏散距离、有毒气体扩散时间、建筑材料耐燃烧极限、消防作业面等，并以3D漫游、3D渲染、3D动画等方式模拟各种危险。

4. BIM协同管理平台

协同管理平台应用的目的是，项目各参与方和各专业人员通过基于网络及BIM的协同平台，实现模型及信息的集中共享、模型及文档的在线管理、基于模型的协同工作和项目信息沟通等。因此，面向BIM应用的协同平台既需要具有传统项目协同管理功能，也需要支持在线BIM管理，还需要考虑诸如移动终端的应用等。

（1）BIM协同管理平台的核心功能

1）建筑三维可视化。可在计算机及移动终端的浏览器中，实现包括BIM的浏览、漫游、快速导航、测量、模型资源等管理及元素透明化等功能。

2）项目流程协同。项目管理全过程各项事务审核处理流程协同，如变更审批、现场问题处理审批、验收流程等。需要考虑施工现场的办公硬件和通信条件，结合云存储和云计算技术，确保信息及时便捷传输，提高协同工作的适用性。

3）图纸及变更管理。项目各参与人员能通过平台和模型查看到最新图纸变更单，并可将二维图与三维模型进行对比分析，获取最准确的信息。

4）进度计划管理。实现 4D 计划的编辑和查看，通过图片、视频和音频等对现场施工进度进行反馈，或采用视频监控方式，及时或实时对比施工进度偏差，分析施工进度延误原因。

5）质量安全管理。现场施工人员或监理人员发现问题，通过移动终端应用程序，以文字、照片、语音等形式记录问题并关联模型位置，同时录入现场问题所属专业、类别、责任人等信息。项目管理人员登录平台后接收问题，对问题进行处理整改。平台定期对质量安全问题进行归纳总结，为后续现场施工管理提供数据支持。针对基坑等关键部位，可通过数据分析，进行安全事故的自动预警或者趋势预测。

6）文档共享与管理。项目各参建方、各级人员通过计算机、移动设备实现对文档在线浏览、下载及上传，减小以往文档管理受计算机硬件配置和办公地点的影响，让文档共享与协同管理更方便。

（2）BIM 协同管理平台的扩展功能

1）模型空间定位。对问题信息和事件在三维空间内进行准确定位，并进行问题标注，查看详细信息和事件。

2）图纸信息关联。将建筑的设计图等信息关联到建筑部位和构件上，并通过模型浏览界面进行显示，方便用户查看，实现图纸协同管理。

3）数据挖掘。随着平台的不断应用，数据不断积累，对数据进行挖掘与分析。

6.1.5　BIM 在项目交付与运维阶段的应用

1. BIM 交付

项目竣工时，应组织各参建方编制完整的竣工资料。对工程各参建单位提供的信息完整性和精度进行审查，确保所要求的信息已全部提供并输入到竣工模型中，包括所有过程变更信息。对工程各参建单位提供的信息准确性进行复核，除与实体建筑、基础资料进行核对外，还应对不同单位的信息进行相互验证。对竣工信息模型的集成效果进行检测，运用专业软件进行模拟演示，检查各种信息的集成状况。将全专业的 BIM 文件整合校对，并在施工过程中实时根据项目的实际施工结果，修正原始的设计模型，使模型包含项目整个施工过程的真实信息，包括建筑、结构、机电等各专业相关模型的大量、准确的工程和构件信息，这些信息能够以电子文件的形式进行长期保存，形成竣工模型。

2. BIM 运维管理

BIM 运维管理的范畴主要包括五个方面：空间管理、资产管理、维护管理、公共安全管理和能耗管理。

（1）空间管理

空间管理主要是满足组织在空间方面的各种分析及管理需求，更好地响应组织内各部门对于空间分配的请求，高效处理日常相关事务，计算空间相关成本，执行成本分摊等内部核算，增强企业各部门控制非经营性成本的意识，提高企业收益。

1）空间分配。创建空间分配基准，根据部门功能，确定空间场所类型和面积，使用客观的空间分配方法，消除员工对所分配空间场所的疑虑，同时快速地为新员工分配可用空间。

2）空间规划。将数据库和 BIM 整合在一起的智能系统能跟踪空间的使用情况，提供收集和组织空间信息的灵活方法，根据实际需要、成本分摊比例、配套设施和座位容量等参考信息使用预定空间，进一步优化空间使用效率；并且根据人数、功能用途及后勤服务，预测空间占用成本，生成报表，制定空间发展规划。

3）租赁管理。大型商业地产对空间的有效利用和租售是业主实现经济效益的有效手段，也是充分实现商业地产经济价值的表现。应用 BIM 技术对空间进行可视化管理，分析空间使用状态收益、成本及租赁情况，使业主通过三维可视化直观地查询定位到每个租户的空间位置及租户的信息，如租户名称、建筑面积、租约区间、租金情况、物业管理情况；还可以实现租户的各种信息的提醒功能。同时根据租户信息的变化，实现对数据的及时调整和更新，从而判断影响不动产财务状况的周期性变化及发展趋势，帮助提高空间的投资回报率，并抓住出现的机会及规避潜在的风险。

4）统计分析。开发如成本分摊比例表、成本详细分析、人均标准占用面积、组织占用报表、组别标准分析等报表，方便获取准确的面积和使用情况信息，满足内外部报表需求。

（2）资产管理

资产管理是运用信息化技术增强资产监管力度，降低资产的闲置浪费，减少和避免资产流失，使业主在资产管理上更加全面规范，从整体上提高业主的资产管理水平。

1）日常管理。日常管理主要包括固定资产的新增、修改、退出、转移、删除、借用、归还、计算折旧率及残值率等日常工作。

2）资产盘点。依照盘点数据与数据库中的数据进行核对，并对正常或异常的数据做出处理，得出资产的实际情况，并可按单位、部门生成盘盈明细表、盘亏明细表、盘亏明细附表、盘点汇总表、盘点汇总附表。

3）折旧管理。折旧管理包括计提资产月折旧、打印月折报表、对折旧信息进行备份、恢复折旧工作、折旧手工录入、折旧调整。

4）报表管理。可以对单条或一批资产的情况进行查询，查询条件包括资产卡片、保管情况、有效资产信息、部门资产统计、退出资产、转移资产、历史资产、名称规格、起始及结束日期、单位或部门。

（3）维护管理

建立设施设备基本信息库与台账，定义设施设备保养周期等属性信息，建立设施设备维护计划；对设施设备运行状态进行巡检管理并生成运行记录、故障记录等信息，根据生成的保养计划自动提示到期需保养的设施设备；对出现故障的设备从维修申请，到派工、维修、完工验收等实现过程化管理。

（4）公共安全管理

公共安全管理包括应对火灾、非法侵入、自然灾害、重大安全事故和公共卫生事故等危害人们生命财产安全的各种突发事件，建立起应急及长效的技术防范保障体系。基于 BIM 技术可存储大量具有空间性质的应急管理所需数据，可协助应急响应人员定位和识别潜在的突发事件，并且通过图形界面准确确定其危险发生的位置。此外，BIM 中的空间信息也可用于识别疏散线路和环境危险之间的隐藏关系，从而降低应急决策制定的不确定性。另外，BIM 也可以作为一个模拟工具，评估突发事件的损失，预测突发事件的发展趋势。

（5）能耗管理

有效地进行能源的运行管理是业主在运营管理中提高收益的一个主要方面。基于该系统，通过 BIM 可以更方便地对租户的能源使用情况进行监控与管理，通过能源管理系统对能源消耗情况自动进行统计分析，对异常使用情况发出警告。

6.2　智能建造与物联网技术

1. 物联网技术在智能建造方面的优势。
2. 物联网技术在智能建造方面的应用场景。

1. 了解物联网技术在智能建造方面的应用场景。
2. 了解物联网技术在智能建造方面的优势。

6.2.1　工程质量检测

1. 概述

工程质量检测是指依据国家有关法律、法规、工程建设强制性标准和设计文件，采用试验、测试、度量等技术手段，确定建设工程的建筑材料、工程实体质量特性的活动。主要分为室内检测和现场检测两类，其中，对试件进行取样、制作，并送至有关实验室检测的为室内检测；在工程现场对工程实体进行抽样检测的为现场检测。

近年来，随着我国经济的发展、社会的进步，以及人民生活条件的改善，施工过程中的质量检测和监管越来越重要。在工程质量监管过程中，随着信息技术在其中的渗透及应用推广，工程化效率越来越高。

2. 架构

物联网在工程质量检测中的应用，就是利用 RFID 或二维码对检测对象（样品或工程实体）进行标识，通过各类传感器与检测设备相连，并与互联网整合起来，从而实现相关质量特性数据的自动采集和实时上传。常用的系统架构如图 6-2 所示。

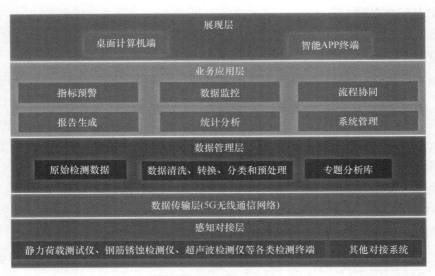

图 6-2　常用的系统架构

1）感知对接层。感知对接层主要对接工程施工现场的测试仪器，如静力荷载测试仪、钢筋锈蚀检测仪、超声波检测仪等，获取现场测量的数据，并将数据上传。

2）数据传输层。数据传输层通过 5G 无线通信网络，将现场测量数据通过移动互联网传送至系统数据库服务器。

3）数据管理层。数据管理层首先将现场的原始检测数据进行入库存储，然后对原始数据按照一定的规则进行清洗、转换、分类和预处理，使其成为方便统计、查询和分析的主题数据。

4）业务应用层。业务应用层一般以工程项目为单位进行分类管理，常用的功能模块包括指标预警、数据监控、流程协同、报告生成、统计分析和系统管理六个模块。

5）展现层。展现层主要分为桌面计算机端展现和智能 APP 终端展现两类。桌面计算机端主要负责数据的分析展示、实时监控告警、流程协同等功能；智能 APP 终端主要负责现场数据的采集、测量、上报，以及少量的移动办公功能。

3. 应用案例

（1）建设工程质量检测监管系统

建设工程质量检测监管系统是结合了工程质量检测管理系统，采用 B/S 架构的检测信息监管系统，实现了工程质量检测数据及报告的采集、上传、标记、分类、归档、在线监管、比对监管等功能。按照工程质量检测监管的具体工作要求，规划设计了机构登录与查询、报告登记、数据监管与查询、实时监控、检测数据管理、系统管理等功能模块。

该系统实时汇集全市建设工程质量检测数据，并连接监督管理信息系统，其中对检测结果不合格的数据自动预警，启动质量问题相关的处理程序，增强了对重点工程项目、保障房项目的实体质量监管。同时，为每个被测材料的单个部品（构件）中植入无线射频芯片，通过芯片可以实现对部品从生产到使用的全过程检测管理，使用者只要通过手机扫描就可以获取供货商、质量保证和其他相关的信息，相当于每个部品都有了自己的"身份证"。

建立统一监管信息平台，该平台覆盖了全市工程质量检测机构和从业人员。平台对检测机构的资质、人员、设备和检测标准等核心要素统一管理，自动预警检测业务量超出能力范围的现象，规范了检测机构的行为和工程质量检测市场。

系统汇总混凝土试块抗压强度检测数据、钻芯法检测混凝土强度数据、回弹法检测混凝土强度数据等第三方检测数据，并直接与"3H 混凝土质量追踪与动态监管系统"数据对接，能够有效地对施工单位、监理单位、混凝土厂等责任主体和有关机构的质量行为进行监管。

系统平台的建设改变了工程质量检测领域传统的行业监管模式，变被动监管为主动监管，实现动态实时和常态化监管。

（2）ZBL – ETM 智博联工程检测信息化系统

随着工程质量检测市场化程度日益提高，行业竞争日益加剧。建立健康发展的行业秩序、提高检测单位的综合竞争力成为监管部门和检测单位越来越迫切的需求。传统的工程管理方式存在诸多问题，为了解决这些问题，ZBL – ETM 智博联工程检测信息化系统可实现动态实时监测与管理，如现场检测数据附带时间和位置信息，原始数据及数据处理过程可追溯，保证数据的真实性；现场检测数据，并实时上传到服务器，保证数据实时传递；现场检测数据包含测试仪器和检测人员等信息，数据来源可追溯。

现场感知层通过部署超声波探伤仪、数显回弹仪、裂缝检测仪、智能张拉应力检测仪等设备进行各项信息的采集，并通过传输层 5G 移动网络将采集的信息传送至数据管理层，数据管理层对数据进行分析处理，为上层应用提供支撑。检测单位通过浏览器即可实现对经营、生产、办公、质量检测等方面的协同化、流程化、专业化、移动化管理。

ZBL – ETM 主要包括如下具体功能：

1）在线检测。管理者、监管部门可以实时参与到实际检测工作中，对检测现场的工作进行指导。

2）在线监管。监管部门可对所属工程、检测单位及检测设备和人员进行实时在线监督，并对已检测数据进行高效、安全的管理。

3）检测数据不落地。原始数据生成、数据处理、撰写检测报告可全程在线完成。

6.2.2　工地监管

1. 概述

智慧工地是指利用信息化手段，通过三维设计平台对工程项目进行确切的设计和施工模拟，围绕施工全过程管理，建立智能生产、互联协同、科学管理的施工项目信息化生态圈，并将此数据在虚拟现实环境下与物联网采集到的工程信息进行数据挖掘分析，提供过程趋势预测和专家预案，实现工程施工可视化、智能化管理，从而提高工程管理信息化水平，逐步实现绿色和生态建造。

智慧工地将更多人工智能、虚拟现实、传感技术等新一代技术植入人员穿戴设备、建筑、场地进出关口、机械等各类物体中，并相互连通，形成物联网，再通过互联网，实现工程管理关系人与施工现场的整合。智慧工地的"智慧"是利用新一代信息化技术来改进工程各关系组织和人员交互的方式，以提高交互的灵活性、效率和响应速度。

2. 架构

（1）整体架构

智慧工地整体架构可以分为四个层面，如图 6-3 所示。

图 6-3　智慧工地整体架构

第一层为终端层。充分利用物联网技术和移动应用提高现场管控能力，通过 RFID、入口门禁、温湿度传感器、噪声传感器、摄像头、移动终端等设备，实现对项目建设全过程的实时监控、数据采集、智能感知和高效协同，提高作业现场的管理能力。

第二层为平台层。利用云计算平台实现数据的高效存储及处理，并通过基础研发框架和各类中间件，提供应用支撑和数据共享交换服务。让各项目参与方更方便快捷地访问数据、协同工作，更加灵活地构建上层应用模块。

第三层为应用层。应用层以提升工程项目管理能力为核心开展应用部署，项目管理系统是工地现场管理的关键系统之一。BIM 的参数化、数据化、可视化特性让建筑项目的管理和交付更加高效和精准，是实现项目现场精细化管理的有效手段。

第四层为展现层。通常分为手机端工地管理 APP 和桌面计算机端工地管理平台。手机端工地管理 APP 主要提供项目概览、工地日志、实名制管理、现场监管信息采集和上报等功能。桌面计算机端工地管理平台主要实现人员管理、项目管理、系统管理，以及基于采集到的数据，进行数据的统计、分析和挖掘，最大化地发挥数据的价值。

（2）相关技术

数据交换标准技术是用来规定信息数据交换的一种公开标准格式，是实现智慧工地的基石。要做到不同项目成员之间、不同软件产品之间的信息数据交换，就要建立一个公开的信息交换标准，只有这样才能解决信息数据交换过程中由于项目成员种类多、项目阶段复杂、项目生命周期时间跨度大、应用软件产品数量多等造成的一系列相关问题，实现各类软件产品之间的信息交换，以及不同项目成员和不同应用软件之间的信息流动。这个基于对象的公开信息交换标准包括：定义信息交换的格式，定义交换信息，确定交换与需要的信息是同一个内容等。

BIM 技术具有空间定位和记录数据等功能，将其应用于运营维护管理系统，可以快速准确定位建筑设备组件，对材料进行可接入性分析，选择可持续性材料，进行预防性维护，制订行之有效的维护计划。BIM 与 RFID 技术相结合，将建筑信息导入资产管理系统，可以高效地进行建筑物的资产管理。BIM 还可进行空间管理，合理有效地使用建筑物空间。

可视化技术能够把测量获取的数值、现场采集的图像或计算中涉及和产生的数字信息数据变为直观的图形化表示，将随时间和空间变化的物理现象或物理量呈现在管理者面前，供他们观察、模拟和计算。该技术是实现智慧工地三维展现的前提。

3S 技术是遥感技术、地理信息系统和全球定位系统的统称，是传感器技术、空间技术、导航技术、卫星定位、计算机技术与通信技术的融合，是多学科高度集成的对空间信息进行采集、处理、管理、分析、表达、传播和应用的现代信息技术，是智慧工地成果的集中展示平台。

虚拟现实是利用计算机生成的一种模拟环境，也是通过多种传感设备使用户"沉浸"到该环境中，实现用户与该环境直接的自然交互的技术。

数字化施工系统是指依托数字化地理基础平台、地理信息系统、遥感技术、工地现场数据采集系统、工地现场机械引导与控制系统、全球定位系统等基础平台的建立，整合工地信息资源，突破空间和时间的局限，打造的一个开放的信息环境，以使工程建设项目的各参与方更有效地进行实时信息交流，利用 BIM 模型成果进行数字化施工管理。

信息管理平台技术的主要目的是整合现有的管理信息系统，充分利用 BIM 模型中的数据来进行管理交互，以便让工程建设的各参与方都在一个统一的平台上协同工作。

BIM 技术的应用将能支撑大数据处理的数据库技术作为载体，适用于大数据技术，包括对大规模并行处理（Massively Parallel Processing，MPP）数据库、分布式数据库、分布式文件系统、云计算平台、互联网和可扩展的存储系统等的综合应用。

网络通信技术是 BIM 技术应用的沟通桥梁，是 BIM 数据流通的通道，构成了整个 BIM 应用系统的基础网络。可根据实际工程的建设情况，利用移动网络、无线 Wi‑Fi 网络、无线电通信等方案，实现工程建设的通信需要。

（3）具体功能

工地监管分为工地劳务门禁管理、现场实名制管理、建筑安全教育管理、工地现场监控管理、工地材料管理、企业远程管理及政府管理部门联网实名制管理等方面。

1）工地劳务门禁管理。工地劳务门禁系统是用来管理建筑工地项目务工人员进出的一种专用管理软件系统，可以有效控制和管理务工人员进出项目施工现场，对多个项目工地务工人员进行系统化的管理，统计数据可生成有效的分析报表。

工地劳务门禁管理还具有保障务工人员的各类培训工作落实到位的作用，能够提高务工人员的安全意识和项目的安全性。通过各系统模块的配合，综合分析数据，增强公司管理的准确性，提升可信度，管理效果佳。系统可以帮助总包公司对分包单位人员的投入情况、人员状况等重点关注信息进行数据分析和预警控制工作。

2）工地现场监控管理。由于建筑施工工地面积大、覆盖面广，需要多重的监控手段来确保施工现场的安全，采用较多的是围墙监控、塔式起重机监控、主要出入口监控三种监控手段。另外，由于工地的特殊性，比较容易出现突然断电、扬尘严重等问题，因此最好采用硬盘录像机加密闭式监控摄像头的监控模式来确保施工的正常运行。

通常在门卫室安装监控的核心控制部分，以便和门禁系统联动，共同管理。同时可以通过连接入网的方法将观察点扩散到多个点，联网内的设备都可以通过远程访问的方式来获取监控图像。

3. 应用案例

（1）深圳"智慧工地监管云平台"建设

深圳市从 2016 年 3 月开始进行"智慧工地监管云平台"试点建设工作，包括视频监控系统、安全监测预警系统等，完善以项目为主线、全市统一的工程建设行政服务平台。

"智慧工地监管云平台"通过对工程进行精确设计和模拟，围绕施工过程建立信息化生态圈，分析挖掘工程信息数据，并对施工过程提供趋势预测及预案，实现工程的可视化智能管理。平台的使用促使工程管理信息化水平大幅度提高，从而实现绿色建造和生态建造。

"智慧工地监管云平台"包含以下七个部分。

1）实名制管理系统。依托实名制管理系统平台，收集作业人员的各项基本信息，包含人员身份信息、实际居住信息、联系电话、电子照片、执业资格证书、工种、安全教育信息、考勤信息及工资发放情况等，并建立项目人员信息档案，对建设工程项目人员进行组织化、信息化、系统化管理。系统实现了对现场人员的管理及劳务实名制，配合门禁闸机系统，通过软硬件结合的方式，掌握施工现场人员的出入情况。劳务管理采用"云＋端"的产品形式，使用闸机硬件与管理软件结合的物联网技术，实时、准确地收集人员的信息进行劳务管理。

2）人脸识别门禁系统。在人脸识别门禁系统应用后，未经安全培训教育的人员将不能进入现场，能够进入现场的作业人员均为经过三级安全教育且考试合格的人员。

3）视频监控系统。通过安装在施工现场的多台高清监控设备，实现全场施工 24h 监控不留死角，并能够及时进行追溯。智能远程管控系统由前后端硬件及后端软件组成，主要硬件设备有超高清摄像头、无线 Wi－Fi 盒子、无线电源盒子等。项目管理人员可对监控视频进行录入、回放、导出等操作，也能通过手机软件打开监控系统，查看现场施工情况，发现违规行为可以及时予以制止。

4）智能环境监测系统。智能环境监测系统拥有强大的环境监测功能，能够在线实时监测扬尘、PM2.5、PM10、风速、风向、风力、温湿度和噪声。除通过自带显示屏在线实时显示数据外，还能通过互联网与手机 APP 连接。该系统还可实现与雾炮、喷淋等设备的联动，当 PM2.5 超过设定的预警值时，自动启动喷淋降尘系统，能够有效地降低粉尘浓度，改善施工现场环境。

5）安全施工用电监控系统。安全施工用电监控系统通过物联网传感终端（现场监控模块、传输模块），将供电侧、用电侧的电压和电流等数据实时传送至云平台，通过平台分析及判断，进一步发出调配指令，实现用电安全专业化与统一管理，及时发现电气隐患，预防火灾发生。

6）塔机安全监控管理系统。塔机安全监控管理系统依托起重机械在线监控系统平台而搭建，通过对起重机械高度、幅度、回转、倾角、重量、风速等信息的采集，以及有线或无线网络传输，实时将塔机运行全过程数据留存至平台服务器上和塔式起重机黑匣子上，不但可以有效预防塔式起重机超重、超载、倾覆等安全事故隐患，而且可以让安全看得见，事故可留痕、可追溯，控防"物的不安全状态"。

7）无人机巡查。在施工现场引入无人机，对工地进行空中巡查。无人机具有小巧轻盈、可以高效机动、可选择视角等优点，将它引入施工现场管理中，利用其灵活机动的优势，能够扩大巡视范围，提高监管效率。同时利用无人机的图像传输技术，实时传输现场影像，通过显示器或手机就可以实时观察现场情况，为施工管理和专家指导等提供有力的技术支持。

（2）江西省保障房建设工地的远程监管

江西省保障性安居工程项目自 2011 年起就已部署和应用了远程视频监控系统，实现了对质量实时、全过程、可追溯监管。此外，在全过程管理环节，在建成的保障性安居工程建筑物表面的明显部位上安装了永久性标牌，标牌铭刻设计、施工、监理等单位信息。江西省保障房质量实行终身责任制，凡是未实行分户验收和分户验收不合格的保障性安居工程，不得竣工验收，不得交付使用。

6.3　智能建造与 3D 打印技术

 知识要点

1. 3D 打印及混凝土 3D 打印技术诞生发展历程。
2. 3D 打印及混凝土 3D 打印技术在智能建造方面的优势。
3. 3D 打印及混凝土 3D 打印技术在智能建造方面的应用场景。

 能力目标

1. 了解 3D 打印及混凝土 3D 打印技术的诞生背景、现状及发展历程。
2. 了解 3D 打印及混凝土 3D 打印技术在智能建造方面的优势。

6.3.1　3D 打印的发展概况

1. 国际 3D 打印的发展概况

3D 打印技术的核心制造思想最早起源于 19 世纪末的美国，到 20 世纪 80 年代后期 3D

打印技术发展成熟并被广泛应用。

1984 年，Charles Hull 发明了将数字资源打印成三维立体模型的技术。

1986 年，Charles Hull 发明了立体光刻工艺，并获得利用紫外线照射将树脂凝固成型来制造物体的专利。随后，他成立了一家名为"3D Systems"的公司，开始专注发展 3D 打印技术。1988 年，该公司生产出世界上首台以立体光刻技术为基础的 3D 打印机 SLA-250，体型非常庞大。

1988 年，美国人 Scott Crump 发明了一种新的 3D 打印技术——熔融沉积成型。该技术适用于产品的概念建模及形状和功能测试，不适合制造大型零件。

1989 年，美国人 C. R. Dechard 发明了选择性激光烧结技术，该技术的特点是选材范围非常广泛，如尼龙、蜡、ABS 树脂（丙烯腈-丁二烯-苯乙烯共聚物）、金属和陶瓷粉末等都可以作为原材料。

1992 年，美国人 Helisys 发明层片叠加制造技术。

1995 年，Z Corporation 获得 MIT 的许可，开始着手开发基于 3D 技术的打印机。

1996 年，3D Systems、Stratasys、Z Corporation（以下简称 Z Corp）各自推出了新一代的快速成型设备，而后快速成型便有了更加通俗的称呼——"3D 打印"。

2005 年，Z Corp 公司推出世界上第一台高精度彩色 3D 打印机 Spectrum Z510。

2011 年，英国南安普敦大学的工程师们成功设计并试驾了全球首架 3D 打印的飞机。

2012 年，荷兰医生和工程师们使用 Layer Wise 制造的 3D 打印机，打印出一个定制的下颚假体。

2015 年 3 月，美国 Carbon 3D 公司发布了一种新的光固化技术——连续液态界面制造（Continuous Liquid Interface Production，CLIP），该技术利用氧气和光连续地从树脂材料中制出模型，比之前的 3D 打印技术要快 25~100 倍。

21 世纪以来，3D 打印技术发展非常迅速，很多国家都已加入到 3D 打印技术的研发与应用队伍中来。

2011 年，美国总统奥巴马宣布启动"先进制造伙伴关系计划"（AMP）；2012 年 2 月，美国国家科学与技术委员会发布了《先进制造国家战略计划》；2012 年 3 月，奥巴马又宣布实施投资 10 亿美元的"国家制造业创新网络计划"（NNMI）。在这些战略计划中，均将增材制造技术列为未来美国最关键的制造技术。2012 年 8 月，作为 NNMI 计划的一部分，奥巴马宣布联邦政府投资 3000 万美元成立国家增材制造创新研究所（NAMII），致力于增材制造技术和产品的开发，以保持美国的领先地位。

欧洲也十分重视 3D 打印技术的研发应用，英国《经济学人》杂志是最早将 3D 打印称为"第三次工业革命的引擎"的媒体。2013 年 10 月，欧洲航天局公布了"将 3D 打印带入金属时代"的计划，主要利用 3D 打印技术为宇宙飞船、飞机和聚变项目制造零部件，最终的目标是利用 3D 打印技术实现整颗卫星的整体制造。德国将"选择性激光熔结技术"列入德国光子学研究计划。

日本持续不断地尝试将本国已取得的技术成果推广和应用到工业中，致力于推动 3D 打印产业链后端。澳大利亚于 2013 年制定了金属 3D 打印技术路线，并于当年 6 月揭牌成立中澳轻金属联合研究中心（3D 打印）。南非政府着眼于大型 3D 打印机的研制和开发，发展核心激光设备与激光技术。

2. 我国 3D 打印的发展概况

1988 年，颜永年正在美国加州大学洛杉矶分校做访问学者，偶然得到了一张工业展览宣传单，上面介绍了快速成型技术。颜永年回国后，就转攻快速成型技术领域，他多次邀请美国学者来华讲学，并建立了清华大学激光快速成型中心。

1992 年，西安交通大学卢秉恒教授（国内 3D 打印技术的先驱人物之一）赴美做高级访问学者，发现了快速成型技术在汽车制造业中的应用，回国后随即转向研究这一领域，于 1994 年成立了先进制造技术研究所。

1998 年，清华大学的颜永年又将快速成型技术引入生命科学领域，提出生物制造工程学科概念和框架体系，并于 2001 年研制出生物材料快速成型机，为制造科学提出一个新方向。

我国 3D 打印的起步并不晚，对 3D 打印的研发已经有 20 多年的探索和积累，在核心技术方面具有先进的一面，但是在产业化方面的发展稍显滞后。

近年来，我国积极探究 3D 打印技术，并已初步取得成效。自 20 世纪 90 年代初以来，清华大学、西安交通大学、华中科技大学、华南理工大学、北京航空航天大学、西北工业大学等高校在 3D 打印设备制造技术、3D 打印材料技术、3D 设计与成型软件开发、3D 打印工业应用研究等方面开展了积极的探索，已有部分技术处于世界先进水平。我国地方政府也非常重视 3D 打印产业，珠海、青岛、成都、南京等地先后建立了多个 3D 打印技术产业创新中心和科技园。

6.3.2　3D 打印的基本概念

3D 打印技术又称为增材制造或增量制造（Additive Manufacturing），是指基于三维数学模型数据，通过连续的物理层叠加，逐层增加材料来生成三维实体的技术。3D 打印实现过程如图 6-4 所示。

图 6-4　3D 打印实现过程

增材制造技术起步于 20 世纪 90 年代前后，经过短短三十余年的发展，迅速成长为现代制造业的核心技术。简单来说，3D 打印机就是可以"打印"出真实三维物体的设备，通过分层、叠层及逐层加料的方式做出立体实物。随着堆叠方式种类的增多，3D 打印技术也呈现出各种各样的成型方式，且不同技术所用的打印材料及成型构件的样式也各不相同，但其成型的基本原理都是离散-堆积，属于由零件三维数据驱动直接制造零件的科学技术体系。3D打印的工作原理如图6-5所示。

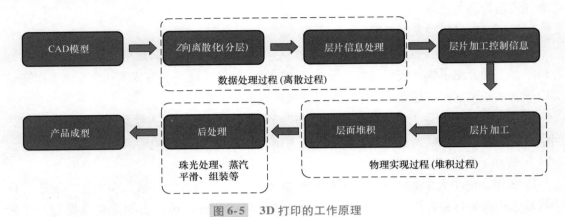

图6-5　3D打印的工作原理

简单来讲，3D打印的基本过程分为四步，如图6-6所示。

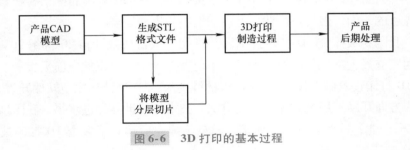

图6-6　3D打印的基本过程

1）建模。通俗来讲，3D建模就是通过三维制作软件在虚拟三维空间构建出具有三维数据的模型。

2）切片处理。切片的目的是将模型用片层的方式来描述。切片就是把3D模型切成一片一片的形状，设计好打印的路径，并将切片后的文件储存成.gcode格式（一种3D打印机能直接读取并使用的文件格式）。

3）打印过程。启动3D打印机，通过数据线、SD卡等方式把STL格式的模型切片得到.gcode文件传送给3D打印机，同时装入相应的3D打印材料，调试打印平台，设定打印参数，然后打印机开始工作，材料会一层一层地打印出来。层与层之间以各种方式粘合起来。就像盖房子一样，砖块是一层一层的，但累积起来后就形成一个立体的房子。最终经过分层打印、层层粘合、逐层堆砌，一个完整的物品就会呈现出来。

4）后期处理。3D打印机完成工作后，取出物体，根据不同的使用场景和要求进行后期处理。例如，在打印一些悬空结构时，需要有个支撑物，然后才可以打印悬空上面的部分，对于这部分多余的支撑需要通过后期处理去掉。有时候打印出来的物品表面会比较粗糙，需要抛光；有时需要对打印出来的物体进行上色处理，不同材料需要采用不一样的颜料；有时为加强模具成型的强度，需进行静置、强制固化、去粉、包覆等处理。

6.3.3　3D 打印的特点和优势

1. 3D 打印的特点

3D 打印不需要机械加工或模具就能直接从计算机图形数据中生成任何形状的物体，极大地缩短了产品的生产周期，从而提高生产率。

1）3D 打印利用计算机辅助制造技术、现代信息技术及新材料技术等，通过综合集成的方式构成完整的生产制造体系。

2）3D 打印技术具有设计和制造高度一体化的特点。3D 打印技术属于一种自动化的成型过程，它不受产品结构复杂程度等因素的限制，可以制造出任意形状的三维物品。

3）3D 打印技术的生产过程具有高度柔性化的特点。在此过程中，能够根据客户的需求对产品品种和规格等进行相应调整，在调整的过程中只需要改动 CAD 模型，重新设计相关参数，不仅能够确保整个生产线快速响应市场变化，还能以可调节性作为支撑，进一步保障了生产质量。

4）3D 打印技术具有生产速度快的特点。应用该技术不仅能够提升产品成型的速度，还能缩短加工周期，从而使设计人员能够在短时间内将设计思想物化成三维实体，便于对其外观形状及装配等展开测试。

5）3D 打印材料具有相应的广泛性。3D 打印技术所应用的材料广泛性较强，金属、陶瓷、塑料、橡胶等材料都适用于打印生产操作。

2. 3D 打印的优势

具体来讲，与传统制造对比，3D 打印具有以下八大优势：

1）降低产品制造的复杂程度。传统制造业通过模具及车、铣等机械加工方式对原材料进行定型、切削以生产产品。与传统制造不同的是，3D 打印将三维实体变为若干个二维平面，通过对材料处理并逐层叠加进行生产，大大降低了制造的复杂度。

2）扩大生产制造的范围。3D 打印技术不需要复杂的工艺、庞大的机床、众多的人力，可直接由计算机图形数据生成任意形状的零件，使生产制造得以向更广的生产人群范围延伸，可以造出任何形状的实物。

3）缩短生产制造时间，提高生产率。根据模型的尺寸及复杂程度，传统方法制造出一个模型通常需要花费数小时到数天时间，但是采用 3D 打印技术，根据打印机的性能、模型的尺寸和复杂程度，则可以将时间缩短为数十分钟到数小时。

4）减少产品制造的流程。实现了近净成型，极大地减少了后期辅助加工量，避免了委外加工时数据泄密和时间跨度问题，特别适合一些高保密性的军工、核电等行业。

5）即时生产且能满足客户个性化需求。3D 打印机可以按需打印，即时生产，从而减少企业的实物库存。企业还可以根据客户订单使用 3D 打印机制造出定制的产品，以满足其个性化需求。

6）开发更加丰富多彩的产品。用传统制造技术制造的产品形状有限，制造形状的能力受所使用工具的限制。3D 打印机可以突破这些局限，充分发挥设计的空间，甚至可以制作目前可能只存在于自然界的形状物品。

7）提高原材料的利用效率。与传统的金属制造技术相比，3D 打印机制造金属时产生较少的副产品。

8）提高产品的精确度。扫描技术和 3D 打印技术将共同提高实体和数字世界之间形态转换的分辨率，可以扫描、编辑和复制实体对象，创建精确的副本或优化原件。

从本质上来讲，3D 打印技术与传统制造业有很大差异。传统制造业通过对原材料进行磨削、腐蚀、切割及熔融等处理后，各个零部件通过焊接、组装等方法形成最终产品，其制造过程烦琐复杂，消耗大量人力和物力。对 3D 打印技术来说，可直接参照计算机提供的图像数据，再利用添加材料的方式生成想要的实物模型，不需要原坯和模具，产品的制造过程更简单，所制作的成品具有高效率低成本的优势，给人们带来了极大的便利。3D 打印技术与传统制造技术的主要差异见表 6-2。

表 6-2 3D 打印技术与传统制造技术的比较

项目	3D 打印技术	传统制造技术
基本技术	FDM、SLA、SLS、LOM、3DP	车、钻、铣、磨、铸、锻
核心原理	分层制造、逐层叠加	几何控形
技术特点	增材制造，即加法	减材制造，即减法
适用场合	小批量、造型复杂；特殊功能性零部件	大规模、批量化；不受限
使用材料	塑料、光敏树脂、金属粉末等（受限）	几乎所有材料
材料利用率	高，可超过 95%	低，有浪费
应用领域	模具、样件、异形件等	广泛，不受限制
构件强度	有待提高	较好
产品周期	短	相对较长
智能化	容易实现	不容易实现

相对传统制造技术来讲，3D 打印技术是一次重大的技术革命。它可以解决传统制造业所不能解决的技术难题，对传统制造业的转型升级和结构性调整将起到积极的推动作用。然而传统制造业所擅长的批量化、规模化、精益化生产，恰恰是 3D 打印技术的短板。从技术上分析，目前 3D 打印技术只能根据对物品外部扫描获得的数据或者根据 CAD 软件设计的物品数据打印出产品，并且只能用来表达物品外观几何尺寸、颜色等属性，无法打印产品的全部功能。因此，从成本核算、材料约束、工艺水平等多方面因素综合比较来看，3D 打印并不能够完全代替传统的生产方式，而是要为传统制造业的创新发展注入新鲜动力。

6.3.4 混凝土 3D 打印技术

随着全球城市化进程加快和智能化产业的快速发展，混凝土 3D 打印技术成为全球研究和应用热点。混凝土 3D 打印技术发展历程如图 6-7 所示。

混凝土 3D 打印技术打破了混凝土传统施工工艺限制，打印混凝土自动成型，无须支模脱模，从而大大缩短了加工周期，可以提高施工机械化程度、改善工作环境、缓解劳动力短

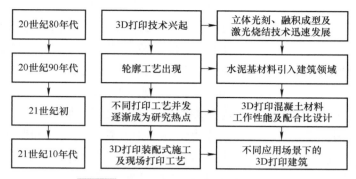

图 6-7　混凝土 3D 打印技术发展历程

缺带来的行业压力，促进建筑业的转型升级，现今已经在房屋建筑的设计和施工等领域获得广泛应用。

1. 混凝土 3D 打印设备

混凝土 3D 打印建筑设备通常包含 3D 打印头、打印臂、打印机轨道、架体（垂直升降架、水平行走架）及驱动装置等部分。目前 3D 打印建筑设备常见的结构形式有桁架式和龙门式，如图 6-8 所示。

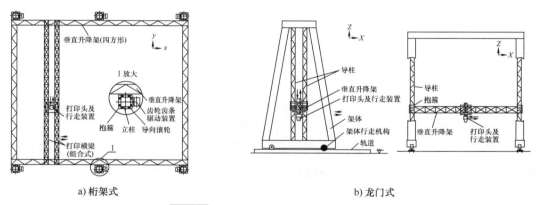

a) 桁架式　　　　　　　　　　　　　　　　b) 龙门式

图 6-8　3D 打印建筑设备结构示意图

与一般的 3D 打印设备不同，3D 打印建筑设备的喷头喷出的并非是一般的 3D 打印材料，而是混凝土或建造建筑模块及预制构件的材料。除此之外，还要配备一个大型支架和打印材料运输储存等的配套装置。

2. 3D 打印混凝土质量要求

混凝土在建筑行业中发挥着重要作用。通常，适合打印建筑房屋的水泥基复合材料被称为 3D 打印混凝土。与普通混凝土不同，为了满足打印要求，3D 打印混凝土应该具备良好的可打印性，包括可泵性、挤出性和可建造性等。

对于大规模 3D 打印混凝土而言，预拌商品混凝土从搅拌站运输到施工现场后通常要通过泵送形式输送到工作面，泵送到位后的混凝土通过挤出装置从喷嘴中被挤出，因此合适的泵送参数、挤出参数和流变参数是保证3D打印混凝土良好可泵性和挤出性的关键因素。可建造性是指打印混凝土承受上部混凝土荷载并保持自身形状不发生改变的能力，可以通过打印混凝土的高度来评估，它取决于混凝土的密度、流变性和新鲜机械性能。在打印过程中，随着打印层数的增加，上部荷载逐渐增大，底部混凝土有可能发生弹性屈曲或塑性坍塌。

为了改善3D打印混凝土的工作性能，通常可以加入粉煤灰、矿渣等补充胶凝材料，同时使用级配优良、棱角少的天然骨料减少摩擦，增强浆体的流动性。此外，还可以通过添加高效减水剂、引气剂、缓凝剂、增稠剂等化学外加剂改善混凝土的屈服应力、黏度和触变性，避免混凝土在泵送过程中发生出现堵塞现象或出料后发生离析等不良反应。为了提高3D打印混凝土的可建造性，可以选择轻骨料减轻混凝土重量，也可以添加纤维、聚合物、纳米二氧化硅等材料增强混凝土层间黏结能力和力学性能。

3. 混凝土3D打印工艺

原位混凝土3D打印一般采用连续打印、逐层叠加的方法，在基础上直接将建筑主体打印成型。打印时需预留设备孔洞和构造柱的位置，再进行节点连接和二次灌注混凝土，形成一体化的结构形式。原位混凝土3D打印所用的打印设备尺寸一般较大，因此需要事先在现场安装调试设备。

3D打印装配式建筑与传统的装配式建筑概念相似，事先在工厂打印好构件和配件（如楼板、墙板、楼梯、阳台等）后运输到建筑施工现场，通过绑扎、焊接等连接方式在现场进行装配安装，流程如图6-9所示。打印前需要在计算机信息模型中提前定义好管道和窗户等开放空间的位置和大小，同时预留拉结筋和预埋件的位置，待构件运输到现场后还需二次灌注混凝土以实现墙体连接。

a) 图样深化　　b) 开始打印　　c) 打印墙体　　d) 墙体成品
e) 打好地基　　f) 运输　　g) 吊装　　h) 局部灌注

图6-9　3D打印装配式建筑施工流程

4. 混凝土3D打印技术应用

3D打印建筑的应用领域十分广泛，从长远发展来看，秉持着从简单到复杂、从主业到旁支的发展策略，可以考虑在装饰构件、雕塑小品、抗震救灾紧急用房、造型别墅、农村住宅、经济适用房和廉租房、防风固沙、高层建筑、甚至是太空基地等建（构）筑物中，逐步推行 3D 打印建筑的使用。

图 6-10 所示为一座混凝土 3D 打印配电房，房屋设计尺寸 12.1m×4.6m×4.6m，采用龙门式打印系统现场打印，该工程骨料最大粒径为 15mm，控制 3D 打印混凝土坍落度在 110mm 左右，加入早凝剂控制初凝时间为 5～10min，在竖直方向固定间隔处平铺钢筋网进行层间配筋。

a) 水平钢筋布局　　　　　　　　　　b) 3D打印设备

图 6-10　混凝土 3D 打印配电房

6.3.5　混凝土三维雕刻技术

三维雕刻技术是一种通过数控系统控制三维雕刻机进行雕刻加工的技术，它可以结合混凝土 3D 打印技术使用，通过后处理、去除支撑材料、表面抛光、误差修复、孔和空腔等方式，使已成型混凝土获得特定的形状。它秉承了传统雕刻精细轻巧、灵活自如的操作特点，同时利用了传统数控加工中的自动化技术，将二者有机地结合在一起，具有精度高、效率高、适用性广等优点，成为一种先进的雕刻技术。

三维雕刻技术由三个重要的步骤组成。首先，要根据成品确定精加工类型，考虑到铣削约束和零件几何形状，采用不同的算法计算刀具轨迹；然后，对仿真参数（机器人、切割刀具进口和碰撞检测）进行配置；最后，经过后处理器参数化和仿真验证后生成计算机程序，输入三维雕刻机，进行切割。

1. 三维雕刻技术设备

三维雕刻设备必须具备抛光、铣削及雕刻等多种加工操作的能力，同时确保在整个表面范围内的操作，并规避电缆、雕刻工具与构件间的碰撞风险。当前，主流的三维雕刻设备多依赖于机械臂操纵器来实现对雕刻工具的精确控制。图 6-11 所示为目前较为先进的两种三维雕刻机。

2. 三维雕刻技术的施工工艺

雕刻前，须综合评估铣削约束和构件及成品的几何形状等因素，以确定表面处理类型及操作时间，并采用不同的算法（抛光和铣削的扫掠工具路径、雕刻的图案等）计算刀具轨

图 6-11　配备铣削机械臂的雕刻机

迹（图6-12）。三维雕刻所使用的数控系统具有参数化选项，可以通过参数化设计来计算模拟，检测碰撞，还可通过实时反馈调整来优化刀具轨迹，确保雕刻精度和效率。

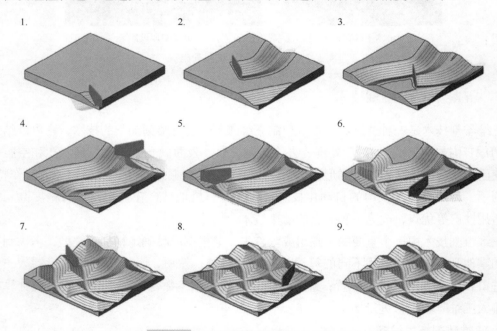

图 6-12　三维雕刻的雕刻刀具轨迹示例

此外，还需对仿真参数（机械臂、切割刀具进口和碰撞检测）进行配置。为实现切割刀具的精准控制，在机械臂和切割工具之间安装传感器系统，实时监控刀具与构件之间的相互作用力，从而精确定位待加工构件和雕刻刀具，有效控制雕刻过程，确保加工的质量和操作平台的灵活性。

最后，经过处理器参数化和仿真验证后生成计算机程序，输入三维雕刻机，进行切割。机械臂操纵器根据计算路径精确移动至指定位置，并在三维雕刻过程中保持稳定，以实现加工面的平滑处理。在整个雕刻过程中，系统将根据力传感器提供的反馈数据，动态调整雕刻工具所施加的压力。当反馈数值超出预定阈值时，操纵器将减少压力并重复扫掠动作，直至传感器读数接近零，这表明表面加工达到所需的平滑度，且与理论设计表面相吻合。

　　上述过程中涉及 CAD 技术、CAM 技术、NC 技术等技术支持，缺少任何一个方面，都会造成生产过程不畅通，甚至导致整个生产瘫痪。三维雕刻技术在建筑施工领域有着较好的应用前景。借助计算机建立复杂建筑的虚拟模型，将其拆分后再利用三维雕刻技术制作实体并拼装成型，这种结合数字建模与数控技术的手工制模方法准确高效，在建筑结构受力分析和评估阶段可以起到重要作用。然而，由于技术和应用限制，目前三维雕刻在混凝土制造领域仍处于探索阶段。

参 考 文 献

［1］崔瑶，范新海. 装配式混凝土结构［M］. 北京：中国建筑工业出版社，2016.

［2］高路恒，曹留峰. 装配式建筑概论［M］. 2 版. 南京：南京大学出版社，2022.

［3］刘学军，詹雷颖，班志鹏. 装配式建筑概论［M］. 重庆：重庆大学出版社，2020.

［4］中华人民共和国住房和城乡建设部. 混凝土结构设计标准（2024 版）：GB/T 50010—2010［S］. 北京：中国建筑工业出版社，2024.

［5］中华人民共和国住房和城乡建设部. 装配式混凝土结构技术规程：JGJ 1—2014［S］. 北京：中国建筑工业出版社，2014.

［6］中华人民共和国住房和城乡建设部. 混凝土结构工程施工规范：GB 50666—2011［S］. 北京：中国建筑工业出版社，2012.

［7］中华人民共和国住房和城乡建设部. 建筑结构荷载规范：GB 50009—2012［S］. 北京：中国建筑工业出版社，2012.

［8］中华人民共和国住房和城乡建设部. 建筑模数协调标准：GB/T 50002—2013［S］. 北京：中国建筑工业出版社，2011.

［9］中华人民共和国住房和城乡建设部. 钢结构设计标准：GB 50017—2017［S］. 北京：中国建筑工业出版社，2018.

［10］中华人民共和国住房和城乡建设部. 混凝土结构工程施工质量验收规范：GB 50204—2015［S］. 北京：中国建筑工业出版社，2015.

［11］中华人民共和国住房和城乡建设部. 钢结构工程施工质量验收标准：GB 50205—2020［S］. 北京：中国计划出版社，2020.

［12］中华人民共和国住房和城乡建设部. 木结构工程施工质量验收规范：GB 50206—2012［S］. 北京：中国建筑工业出版社，2012.

［13］蒋勤俭. 国内外装配式混凝土建筑发展综述［J］. 建筑技术，2010，41（12）：1074 – 1077.

［14］黄小坤，田春雨. 预制装配式混凝土结构研究［J］. 住宅产业，2010（9）：28 – 32.

［15］王俊，赵基达，胡宗羽. 我国建筑工业化发展现状与思考［J］. 土木工程学报，2016（5）：1 – 8.

［16］张树君. 装配式现代木结构建筑［J］. 城市住宅，2016，23（2）：35 – 40.

［17］王瑞胜，陈有亮，陈诚. 我国现代木结构建筑发展战略研究［J］. 林产工业，2020，56（9）：1 – 5.

［18］宋小成，吴昌根，刘翠，等. 装配式建筑工程项目中钢结构的具体应用［J］. 中外建筑，2020（10）：183 – 184.

［19］童亮. 钢结构在装配式建筑中的实际运用价值研究［J］. 中国建材科技，2020，29（5）：101；34.

［20］王兴冲. 基于 BIM 技术的装配式建筑预制构件深化设计方法研究［D］. 深圳：深圳大学，2020.

［21］BUSWELL R，XU J，DE BECKER D，et al. Geometric quality assurance for 3D concrete printing and hybrid construction manufacturing using a standardised test part for benchmarking capability［J］. Cement and Concrete Research，2022，156：106773.